红帮裁缝技艺

红帮裁缝技艺

总主编 陈广胜

浙江省非物质文化遗产代表作丛书

浙江古籍出版社

冯盈之 胡玉珍 余彩彩 编著

前　言

浙江省文化广电和旅游厅党组书记、厅长　陈广胜

中华文明在五千多年的历史长河里创造了辉煌灿烂的文化成就。多彩非遗薪火相传，是中华文明连续性、创新性、统一性、包容性、和平性的生动见证，是中华民族血脉相连、命运与共、绵延繁盛的活态展示。

浙江历史悠久、文明昌盛，勤劳智慧的人民在这块热土创造、积淀和传承了大量的非物质文化遗产。昆曲、越剧、中国蚕桑丝织技艺、龙泉青瓷烧制技艺、海宁皮影戏等，这些具有鲜明浙江辨识度的传统文化元素，是中华文明的无价瑰宝，历经世代心口相传、赓续至今，展现着独特的魅力，是新时代传承发展优秀传统文化的源头活水，为延续历史文脉、坚定文化自信发挥了重要作用。

守护非遗，使之薪火相续、永葆活力，是时代赋予我们的文化使命。在全省非遗保护工作者的共同努力下，浙江先后有五批共241个项目列入国家级非遗代表性项目名录，位居全国第一。如何挖掘和释放非遗中蕴藏的文化魅力、精神力量，让大众了解非遗、热爱非遗，进而增进文化认同、涵养文化自信，在当前显得尤为重要。2007年以来，我省就启

动《浙江省非物质文化遗产代表作丛书》编纂出版工程，以"一项一册"为目标，全面记录每一项国家级非遗代表性项目的历史渊源、表现形式、艺术特征、传承脉络、典型作品、代表人物和保护现状，全方位展示非遗的文化内核和时代价值。目前，我们已先后出版四批次共217册丛书，为研究、传播、利用非遗提供了丰富详实的第一手文献资料，这是浙江又一重大文化研究成果，尤其是非物质文化遗产的集大成之作。

历时两年精心编纂，第五批丛书结集出版了。这套丛书系统记录了浙江24个国家级非遗代表性项目，其中不乏粗犷高亢的嵊泗渔歌，巧手妙构的象山竹根雕、温州发绣，修身健体的天台山易筋经，曲韵朴实的湖州三跳，匠心精制的邵永丰麻饼制作技艺、畲族彩带编织技艺，制剂惠民的桐君传统中药文化、朱丹溪中医药文化，还有感恩祈福的半山立夏习俗、梅源芒种开犁节等等，这些非遗项目贴近百姓、融入生活、接轨时代，成为传承弘扬优秀传统文化的重要力量。

在深入学习贯彻习近平文化思想、积极探索中华民族现代文明的当下，浙江的非遗保护工作，正在守正创新中勇毅前行。相信这套丛书能让更多读者遇见非遗中的中华美学和东方智慧，进一步激发广大群众热爱优秀传统文化的热情，增强保护文化遗产的自觉性，营造全社会关注、保护和传承文化遗产的良好氛围，不断推动非遗创造性转化、创新性发展，为建设高水平文化强省、打造新时代文化高地作出积极贡献。

目录

红帮裁缝技艺是立足宁波本帮裁缝技艺传统，又吸收西方立体裁剪技术，从而实现"中西合璧""中体西用"创造性转化的制衣工艺。红帮裁缝技艺发祥于宁波奉化江两岸，随着裁缝艺人的流动，在国内外广泛拓展，并以家族、师徒、短期培训、学校教育、传习拓展到基地等多元化方式传承。

红帮裁缝技艺又称"奉帮裁缝技艺"，清末民初，本帮裁缝随宁波商帮外出谋生。1896年，奉化人江良通在上海巨鹿路405号创办了国内最早的红帮服装店——"和昌号"。20世纪40年代以来，红帮裁缝影响力和知名度逐渐扩大，成为中国服饰改革的主力军；20世纪50年代，红帮老艺人和红帮传人进京，成立"红都服装公司"，为国家主要领导人量身制衣，为树立新中国的服装形象，提升我国服装业水平，做出了多方面的贡献。

在百年的实践与创新中，红帮裁缝技艺形成了显著的特征。红帮裁缝以本帮裁缝的平面裁剪技艺和东方文化为基础，吸收西方立体裁剪工艺和美学思想，充分考虑人体动、静两种形态特点，形成了中西融合、中体西用的工艺理念；红帮裁缝探索出以刀功、手功、机功、烫功相结合的工艺手法，尤其形成了"目测心算、特型矫正、翻新补洞"等绝技；依托人体结构特点和审美需求，确立了"九个势""十六字诀"的成衣标准；推崇以人为本、个性化定制的从业精神，注重顾客的个性化特点和需求，在量、裁、缝、验各个环节严格把关，除直向缝合用缝纫机外，其他以手工制作为主。

红帮裁缝在中国服饰史上具有历史性贡献，其中西合璧的制衣技艺具有重要价值。红帮裁缝在中国服装史上创造了"五个第一"，即国内第一套中山装、第一套"海派"西装、第一家西服店、第一所西服工艺学校、第一本西服著作，并将技艺传布海内外，引领了服饰文化的走向，推动了中国传统服饰的现代转型，铸造了开拓创新、追求卓越的工匠精神；红帮裁缝在百年的实践中，形成了内涵丰富、注重体系的工艺思想和理论；红帮裁缝技艺基于当地的地理人文环境，又逢社会变革、中西文化碰撞，从而形成了独特的红帮裁缝群体和技艺文化，是地方历史和文化的标志；红帮裁缝精湛的技艺及精益求精的工匠精神是当代宁波服装业发展的文化沃土，成为宁波当代服装业发展的重要依托与保障。

红帮裁缝技艺有着独特的生存和发展环境，从19世纪中晚期至今，一直引领着中国服饰文化的发展方向。该技艺以手工制作为本，手艺的传承和实践不受时间限制，具有可持续性。红帮裁缝技艺的传承群体多为奉化、鄞州地区的手艺人，他们不仅在当地施展技艺，更是流布到海内外各地中大城市，从事传承、传播活动，推动了中国服装文化的发展。

随着非遗保护工作的推进，老艺人传承技艺的热情高涨，文化自信增强，新培养的年轻传承人越来越多。现在奉化境内红帮裁缝传人有2万余人，其中30%为年轻人，主要分布在各大服装企业中，并且是这些企业中的核心成员，肩负着红帮裁缝技艺的保护、传承及创新工作。在注重手作、追求品质的当代社会，红帮裁缝技艺有着特定的优势和发展空间。在红帮裁缝技艺的引领下，奉化区服装产业被列入宁波"246"万千亿产业集群重点培育计划，目前奉化区共有服装企业近1000家，就业人数近10万人，红帮裁缝技艺不仅是地域文化的象征，更为当地经济社会发展做出了实质贡献。

今天，我们为红帮裁缝与他们的高超技艺著书立说，明天，新红帮传人一定会把红帮文化发扬光大。

胡玉珍

2022年10月于奉化

一、渊源与背景

红帮裁缝从哪里来，有哪些名师？本章主要阐述了红帮裁缝产生的渊源与历史文化背景，梳理了红帮裁缝从孕育到初创到繁荣的发展历程。

一、渊源与背景

[壹] 渊源与背景

1. 红帮产生的本帮基础

宁波中式裁缝在明代开始兴盛，于清初在北京成立了成衣会馆——"浙慈会馆"，形成了以宁波籍商人为主体的"浙慈帮"，几乎垄断了北京城的成衣业，并赢得了"本帮裁缝"的称号。

宁波"本帮裁缝"在发展过程中，形成了较为显著的特点，包括发展历史长、区域专业化萌芽出现、拓展地域广、专业技艺精细等几个方面，为以后红帮裁缝从本帮裁缝适时分流并成功转型奠定了基础。

（1）形成时间早，发展历史长

"本帮裁缝"，发源于宁波地区的奉化、慈溪等山区小镇。这些地方居民世代以务农为生，但农业上的收成不足以养家糊口，于是人们不得不从事其他一些行业维持生计。其中，一个重要行业便是裁缝，从事裁缝业的人营业范围也不断扩大。

光绪《慈溪县志》记载："（邑人）四出营生，商旅遍于天下。"宁波的成衣业早在明代就已打入北京，"在明末清初期间，宁波商人向北京及沿江、沿海的城镇发展，在北京的宁波商人，经营的主要行业是药材和成衣。1624年，北京曾有宁波王姓裁缝在活动。"（钱茂伟《宁波历史与传统文化》）行会组织的形成是行业帮口形成的标志，浙慈帮的形成是在明朝后期到清朝初期。形成的主要标志是"浙江省慈溪县成衣行业商人会馆"的建立。

浙慈会馆《财神庙成衣行碑》的碑文有力见证了清代宁波本帮裁缝在京成衣业的雄厚实力

据记载，乾隆年间，成衣会馆"浙慈馆"就已在北京建立。馆里立有乾隆三十七年（1772）《财神庙成衣行题名碑》、道光二十九年（1849）《重修财神庙碑》和光绪三十一年（1905）《财神庙成衣行碑》。其中以光绪碑的记述最为详细，内称："于南大市路南创造浙慈馆，建造殿宇戏楼、配房，供奉三皇祖师神像。当时成衣行皆系浙江慈溪县人氏（今宁波慈城为老慈溪县城）来京贸易，教导各省徒弟。曰浙慈馆，专归成衣行祀神会馆，历年行中唱戏庆贺。"从中可以看出，清末"慈帮裁缝"在京师十分昌盛。上述这些，标志着以"浙慈帮"为先驱的本帮裁缝在清代已开始形成。

（2）从业人员集中，区域专业化萌芽出现

明清以后，中国的商品经济得到了发展，出现了资本主义生产的萌芽，客观上促进了中国服装业的发展。"在中国早期服装产业雏形时期，本帮裁缝在整个服装业所占的比例仍然是很高的，广大的人民群众在这一时期衣服的来源主要是本帮裁缝。所以说本帮裁缝在中国早期服装产业的发展过程中始终占据着主体地位。"[1]

在宁波，本帮裁缝的从业人员比较集中，服装产业的区域专业化特征始露萌芽，比较典型的有奉化、鄞县等几个区域。

奉化区档案馆保存有被评为首批浙江档案文献遗产的《奉化服装告示》原件[2]。签发人为当时的奉化知事董增春。主要内容是由于当时奉化从事服装业人数众多，"成衣一业较各工业为最同业之人，全邑不下二三千"，该告示真实地反映了 20 世纪初奉化服装行业的发展状况和行业管理中的主要做法。以 20 世纪初奉化县总人口数计算，当时从事成衣业的人数大概占人口总数的 1%。因此在奉化县的手工业中，成衣业占据了最为重要的地位。

从一些访谈资料中也可看出奉化地方裁缝从业人员众多。红

[1] 熊玲:《中国早期服装产业史研究》，东华大学硕士论文，2002 年。

[2] 王雅建:《红帮裁缝 源远流长——介绍奉化档案馆珍贵馆藏"奉化服装告示"》《浙江档案》2008 年第 5 期，第 38—39 页。

帮老人杨鹏云在回忆中谈及：1917 年，我出生在宁波奉化西坞杨家溪头村。虽说是农村，但也可算是个裁缝之乡，全村十有五六的人家做裁缝，我家里，父亲、我、妹妹都是裁缝。父亲叫杨和庆，原先是中式裁缝。[1]

区域从业人员的集中，为红帮裁缝今后群体式发展，乃至宁波当代服装产业的区域专业化发展打下了坚实的基础。

奉化区档案馆馆藏"奉化服装告示"

（3）开拓意识强，发展地域广

"本帮裁缝与宁波商帮基本上是同步发展的，商帮所到之处，诸如上海、北京、天津、汉口、重庆、昆明、厦门、香港等主要大都市都有本帮裁缝的业绩。"[2]

北京，作为政治文化中心，成了宁波本帮裁缝发展的首选，清钱泳（1759—1844）《履园丛话》载："成衣匠各省具有，而宁

---

[1] 杨鹏云口述、徐清祥整理：《红帮裁缝》，《杭州日报》副刊 2012 年 1 月 31 日。

[2] 季学源、陈万丰：《红帮服装史》，宁波出版社，2003 年，第 5 页。

1844年开埠的宁波老外滩

波尤多，今京城内外成衣者皆宁波人也。"

　　与宁波一衣带水的上海历来是宁波商人的聚集地。正如《四明公所年庆会会规碑》中所讲："惟吾四明六邑（即旧宁波府下辖的鄞、镇海、奉化、定海、慈溪、象山六县），地广人稠，梯山航海，出国者固属众多，挈子携妻，游申者更难悉数。"宁波裁缝是早期进入上海的商帮之一。清嘉庆二十二年（1817）建立的上海轩辕殿成衣公所，至清光绪十年（1884）后由宁波帮主持殿务。宁波本帮裁缝在20世纪初占据了上海成衣业的半壁江山。

　　本帮裁缝早期在各地的开拓，为红帮裁缝在海内外拓展事业，积累了经验，锻炼了胆识，奠定了基础。

1803年宁波商人建立四明公所, 位于上海北门外 (今上海市人民路852号)

(4) 专业技艺精细, 度身定制是绝活

本帮裁缝技艺精细, 并形成 "目测心算、特型矫正、翻新补洞" 等技艺。

上述清钱泳《履园丛话》曾载: "有人持匹帛, 命其裁剪, 匠遂询问主人之性情、年纪、状貌及科第之年份, 而独不言尺寸, 其人怪之。匠曰: 少年科第者之性傲, 胸必挺, 宜前长而后短; 老年科第者之心慵, 背必伛, 宜前短而后长。肥者腰宽, 瘦者身仄。性之急者宜衣短, 性之缓者宜衣长。至于尺寸, 成法也, 何必问耶?"

读书人少年中举难免有些骄傲, 走路时大都趾高气扬、挺身突肚的特点, 裁衣时就前长后短; 而老年中举者则大多精神消衰,走路时难免弯腰拱背，裁衣时就前短后长。

这类绝技由日后的红帮裁缝继承并发扬。

本帮裁缝几乎与宁波帮同时形成。本帮裁缝为红帮裁缝的成功分流、转型进而开拓中国服装产业打下了良好的基础，包括人员基础、技术保障、区域专业化传统等。而在本帮裁缝基础上逐渐形成的红帮裁缝群体，由此避免了漫长、艰苦的摸索过程。

2. 红帮产生的历史背景[1]

红帮名称的由来，一般认为因给西人（俗称"红毛人"）制作服装而得名。目前，从历史文献、宁波的方言俗语等几个方面来看，这个说法依据比较充分。

红帮的产生与发展，有其深刻的历史文化背景，包括地域文化生态，以及政治历史背景等方面。

（1）"红帮"形成的地域人文生态

所谓"一方水土养一方人"，"红帮"的形成离不开宁波这方土地特有的文化生态，包括生活方式、历史传统、风俗习惯、民间工艺等。宁波的历史传统、乡情乡俗等文化因子，其特质可以归纳为"七重七讲"即：重手艺、讲精通，重经商、讲商道，重教育、讲实践，重勤劳、讲节俭，重乡情、讲团结，重慈善、讲

[1] 本部分综合参考冯盈之：《从宁波民谚探析"红帮"形成的文化生态》，载《宁波市社会科学界首届学术年会文集》，宁波出版社，2010年。

行动，重闯荡、讲变通。

①重手艺、讲精通

人多地少的地理环境，使得宁波奉化江两岸居民，自古在农暇时间，以副业补贴家用，其中大部分人选择做裁缝，人称"本帮裁缝"，并形成"目测身材、翻新补洞、特型矫正"等绝技。民谚特别强调，"传子千金，勿如传子一艺"，"一艺勿精，误了终身"。裁缝手艺是红帮人打天下的"本钱"，红帮裁缝还流传着这样一句话："精工细作，久不走样。"这是红帮裁缝的一贯宗旨和承诺。红帮裁缝把衣服当作"太公一样"，重视程度可见一斑。

②重经商、讲商道

宁波商贸活动发展较早，到上海学生意，是宁波人的第一选择。宁波人经商要讲生意经。一要和气：红帮名店"荣昌祥"有店规 18 条，悬挂在店堂明显处，中心思想是"和气生财、顾客至上"；二要招牌：培罗蒙西服店的创始人许达昌深谙品牌的重要性。许达昌将公司取名为"培罗蒙"，有深刻的含义，意思是培育高超的服装技艺，竭诚为顾客服务；三要信义：讲究"生意不成仁义在"。

③重教育、讲实践

宁波人历来重视教育，告诫青年人"补漏趁天晴，读书趁年轻"，红帮人同样重视教育。从早期举办服装培训班，到上海裁剪学院，再到 1947 年私立西服业初级工艺职业学校，培养了一批批红帮人才。

所谓"师傅领进门，学艺靠自身"。红帮人非常重视基本功的学习与实践，许多红帮人在学徒期间，每天的功课就是戴着顶针，左手捧一块废布料，右手用缝衣针细细地来回缝，日复一日地练习，手中的缝衣针变得灵活起来。学习还要注重兼收并蓄，取众之所长是红帮人服装改革的成功之路。荣昌祥的创办人王才运为适应国际上西服款式的变化，赶上新潮流，不惜成本长期从英国订购西服样本，使"荣昌祥"的西服式样不断更新换代。

④重勤劳、讲节俭

在宁波人心里，认准了一个理：只有勤奋劳动，才能收获财富；节约是勤奋的良伴，俭以养德。

红帮裁缝创业期间以勤俭为本，把所得用来扩大再生产，由摊贩向店主、老板的方向迈进。王睿谟、江良通无不如此，他们在发达以后照样保持传统。

⑤重乡情、讲团结

宁波有这样一组谚语：打天夺地亲兄弟，煮粥煮饭家乡米；千山万水，勿及家乡井水。红帮人在百年创业历史中，很好地演绎了宁波人的亲情、乡情观念。

红帮裁缝主要由同地同村的亲戚朋友逐渐形成群体，这个群体有中坚的核心人物，又有较强的经济实力，因而经久不散，并不断扩展。

王才运先生弃商归里后，把"荣昌祥"交给他的得意门生、外甥女婿王宏卿经营。并把多年苦心经营积累起来的资金，以分红形式分给追随他多年的门生，从"荣昌祥"出去自立门户的有20余人。

红帮人每到一地谋业，积极组织同业公会，团结同业同行，利用集体智慧共谋发展。

红帮裁缝爱国爱乡，事业成功后都不忘造福桑梓、泽被故里。被誉为"西服国手"的服装大师余元芳1949年1月与人在外白渡桥百老汇大厦（后改名"上海大厦"）租屋开店，挂出"波纬服装店"招牌。"波"意为宁波，不忘老家；"纬"表示行业，因为服装由纵横线缝制而成。

⑥重慈善、讲行动

"远处烧香，勿如近地积德"——"宁波慈善文化源远流长，其生成主要受儒家思想影响，同时受佛道等宗教影响，形成了带有孝亲色彩的显亲扬名意识和行善积德、广积阴功意识以及由宁波独特的地理单元形态形成的相互救助意识。"[1] 宁波慈善重在实

---

[1] 陈家桢：《宁波慈善文化的生成、创新及展望》，宁波社科网，2009年8月26日。

王才运先生捐助的三孔石桥（王溆浦文化礼堂供图）

锦沙学校助碑（余赠振摄）

际行动——"念佛念一世，弗如过桥石板铺一块"。

红帮裁缝事业成功，不忘资助公益，兴办慈善。王才运出巨资在家乡奉化王溆浦兴办各种公益事业，如出资修筑乡里最大的水利设施——外婆碶，疏浚溆浦河，建造寿通桥，助田100亩作为溆浦学校田，供贫寒子弟免费读书，还出资建造了奉化孤儿院等。江良通，

江良通出资建造的良通桥（陈万丰供图）

在上海发达后，在家乡助田 123 亩，助银 1.6 万元建造了远近闻名的锦沙学校，并建桥、修路，捐助平安会等，为四邻八姓传为佳话。

　　⑦重闯荡、讲变通

　　宁波是"海上丝绸之路"始发港之一。自古以来，宁波就是中国最著名的港口之一，从秦朝时期的河口港到今天吞吐量超亿吨的世界大港，两千多年来，经久不衰。宁波的口语则把外出经商形象地称为"跑码头"，"有山必有路，有水必有渡"，比喻天无绝人之路。早期的宁波商人，正是沿着一条"沙船之路"驶向了上海。

海上交通与港口贸易的发展，使宁波的文化具有明显的海洋文化特征，流动、变通是海洋文化的基本特质。当西风东渐，本帮裁缝顺势而为成功转型；当红帮裁缝在上海成名后，随着上海西服业的兴盛和店铺、技师的饱和，红帮裁缝便向外开拓生存空间，在各地都取得了非凡的业绩。

在几千年的历史发展中，宁波形成了丰富而独特的文化类型。"浙东学术文化无疑是其核心，而海上丝绸之路的开拓则是其主线。"[1]这就使宁波文化有了勇于闯荡、善于学习、灵活变通、脚踏实地、重信重义等特质。红帮的形成与发展来源于宁波文化生态。

（2）红帮产生的历史政治背景

一场伟大的政治变革，是红帮发展和成功的重要政治背景。

辛亥革命不但推翻了统治中国近三百年的清朝专制统治，同时也推翻了中国几千年以来的以等级标志为核心的服饰体系，中国服饰开始了从传统向近代演化的重要历史进程。孙中山等民主革命人士倡导服制改革，融合中西服饰创制了中山装。红帮裁缝参与了对中国封建服制的颠覆，制作和推广了中山装，并在这一伟大历史进程中发展、壮大起来。

[1] 史小华：《传承浙东文化　弘扬创业精神》，《光明日报》，2004 年 10 月 19 日。

　　服制变革是辛亥革命的组成部分及成功表征之一。

　　从19世纪后期孙中山组织兴中会，到1911年辛亥革命爆发以及1912年中华民国的成立，服饰变革从思想到实践，一直是革命的一部分。孙中山不但是革命先行者，而且也是近代服制改革的倡导者和身体力行者，他把变革服制同推翻清王朝专制统治紧密联系，率先着西服，此后又亲自倡导创制了中山装。

　　孙中山早期革命活动期间已提出"尽易旧装"的服制变革原则。辛亥革命推翻清王朝，第一件事就是剪辫易服和废除跪拜礼等旧式礼节。民国初年颁布的《服制》规定官员服装不分级别。此种服制打破等级界限，不分阶级和尊卑贵贱，对社会权利的平等起了重要的作用。

　　中山装是革命的象征，穿着中山装成为拥护革命、与封建主义决裂的一种标志。中山装也包含了孙中山的政治理想。他认为，传统的长袍马褂

1916年8月22日孙中山来宁波考察。这是当时宁波江北岸鸿义照相馆拍摄的孙中山先生全身照（图源《宁波旧影》）

虽然穿着舒服，但这是旧时代的象征。流行的西装代表了男子服饰的主流，但穿起来太繁琐，所以应该设计一款介于马褂与西装之间的穿起来既庄重又不复杂，适合中国男性的制服。正如孙中山之前所说的："此等衣式，其要点在适于卫生，便于动作，宜于经济，壮于观瞻。"中山装既保留了西装贴身干练的风格，又融入了中装对称凝重的格调。它根除了清代服制的封建等级，虽有道德性的寓意，却没有等级的限制，体现了民主共和的思想。

由于孙中山的提倡，也由于中山装的简便、实用，自辛亥革命起便和西服一起开始流行，成为中国男子通行的经典正装。

近代服制变革是红帮裁缝发展的历史机缘。中国近代服饰变革作为民主革命的一方面，也是对服装制作技术的一次革命，推动了中国服饰史上第一个制作服装的流派——红帮的发展。民国建立后，以国家法制的形式通令改革服装，时代氛围特别是服饰的大变化，成为红帮裁缝展示西式服装技术的大舞台。

[贰] 从孕育到初创[1]

根据红帮文化研究中心、宁波服装博物馆等有关单位 20 世纪 80 年代以后考察所获得资料，以及老一辈研究人员 20 多年来的研究成果，红帮的早期发展历程，大致可以分为两个时期：孕育与

---

[1] 本部分综合参考季学源等:《红帮裁缝评传 (增订本)》, 浙江大学出版社, 2014 年。

初创期，其时间跨度在 19 世纪中叶至 20 世纪初。

1. 在转型中孕育

"红帮大致孕育于西服在西欧定型并开始向东方传播的那个历史时期，即清同治、光绪年间。"[1]这一时期，国内外的服饰变革风起云涌。国内是戊戌变法运动和辛亥革命酝酿时期，国外是日本明治维新时期，孙中山等革命先行者呼吁尽改旧服并取得成功。"西服东渐"的风吹来，宁波本帮裁缝凭着敏锐的眼光，积极尝试从事西式服装的缝制，这种转型在国内国外同时进行。

在国外，宁波裁缝主要是东渡日本，学习西式服装技艺，其代表主要是张尚义裁缝世家。孕育期中，赴日本的宁波裁缝不断增多，各县都有，如奉化的应兆文、邬德生去往横滨，奉化的胡平安去往冲绳县志川市，孙通钿也曾旅日。慈溪的陈圭堂、董仁梁曾旅神户。鄞县的董笙鹿、董笙奎等曾去横滨，镇海的朱炳赓也曾去横滨。姜山镇的孙通江及其子孙在神户。这些情况，在1928 年编印的《宁波旅沪同乡会会员名录》中有记载。

在国内，宁波裁缝主要是赴"西服东渐"风气浓厚的大城市学习技艺，大致有南北两大线路。"南有大上海，北有哈尔滨"。

18 世纪末 19 世纪初，奉化、宁海、鄞县、慈溪相继有一些本帮裁缝闯关东，在哈尔滨、长春、大连等城市探营西方服装业。

---

[1] 季学源等:《红帮裁缝评传（增订本）》，第 24 页。

还有一些则到俄国符拉迪沃斯托克（海参崴）等城市去学做俄式罗松派西服。至 1918 年，在哈尔滨道里区开办西服店的宁波裁缝已经有 60 余家，职工已达 400 人。[1]这一时期，北上的宁波裁缝，已知姓名的有：顾龙海，奉化西坞顾家畈人；钱三德，奉化白杜下沿村人；陈顺来，鄞县姜山乔里村。还有其他一些奉化、鄞县、镇海人，先后前往东北。

　　到上海等地学习西式服装制作的宁波裁缝更多。上海开埠，尤其是租界设立以后，外国人和穿着洋服的中国人多起来。因地理之便，宁波裁缝便相继迁往上海学做西式服装。《黄浦区服装志》记述："当时一些外侨和洋行大多数居住和开设在黄浦江一带，外国邮轮往来甚多，洋人也就逐渐多了起来，一些中式裁缝到船上为洋人修补服装，在修补过程中又借助国外流入的服式样

到外轮为洋人缝补西服的包袱裁缝（盛元龙作于1998年，陈万丰供图）

[1] 季学源等：《红帮裁缝评传（增订本）》，第 27 页。

本，逐渐学会洋服的缝制技术。"这些裁缝，经常拎着包袱到外轮上兜接洋服加工生意，当时被称为"拎包裁缝"（也称"落河师傅"）。

这时期，在上海或通过上海去日本的主要有奉化江口王家、江家等家族。

奉化江口是红帮裁缝的重要源头之一，至今被誉为"红帮故里"。19世纪中期，在红帮孕育期中，江口镇王溆浦村王昌乾第一个迁徙上海，他的儿子王睿谟于清咸丰八年（1858）跟随去上海学习手艺。此后，日本明治维新服装改革成功，中国裁缝纷纷赴日学习服装革新，王睿谟作为早期赴日的中国裁缝，在日本大阪掌握了全套西服制作技艺，光绪十七年（1891）他和几位同乡回到上海，二十六年（1900）开办了王荣泰洋服店，后来成为红帮名店。其子王才运后来更成为上海红帮裁缝的领军人物。

红帮孕育期另一位重要人物是江良通。江良通是奉化江口前江村人，随着下东洋学做西服的风

王睿谟，奉化江口王溆浦村人，红帮裁缝早期创业者之一（资料图片）

奉化江口镇前江村江家故居（2022年摄于前江村）

协锠创始人周乐鸿（图源《追寻红帮的历史足迹》）

潮，他和弟弟江良达东渡横滨学习西服手艺。光绪二十二年（1896），兄弟俩回到上海，开办了中国最早的西服店之一和昌号洋服店，江良通的儿子江辅臣从上海圣芳济学院毕业后，承继父业，后来成为上海市西服商业同业公会的主要领导人之一。江氏后代也出现了多名红帮裁缝高手。

另外，据一些家谱记述以及后人回忆，这一时期还有一个重要的裁缝世家，即鄞县姜山周家村周氏家族。19世纪70年代，周乐鸿到上海当学徒，满师后，在上海静安寺路创办协锠西服店。后由儿子周锦堂、周钰堂分立"协锠锦记"和"协锠钰记"西服店，都成为红帮名店。

当时，还有一位承前启后的功勋人物顾天云。顾天云，鄞县下

应人，生于光绪九年（1883），
15 岁去上海做学徒，满师后即
去日本，光绪二十九年（1903）
在东京开办宏泰西服店。几年
后，又由东洋去西洋，到西服
发祥地考察。1922 年回国，次
年在上海继续经营宏泰西服
店。在红帮发展中，顾天云先
生有著述、育人两大贡献。

协铝西服店（陈万丰供图）

　　在红帮孕育中，宁波裁缝也在其他城市创业，如在北京，汪
天泰、李玉堂、张永序、王阿明开办西服店；在汉口，20 世纪初
陈尧章开办祥康西服店；在苏州，李来义 20 世纪初开办苏州第一
家西服店——李顺昌西服店；在杭州，光绪年间，陈子范、陈丽
生父子开办裁缝铺，数年后，陈丽生兄弟创办了成源绸缎局，奉
化人张正安 20 世纪初创办被后人称为"杭州西装鼻祖"的张顺兴
洋服店。

　　这个时期中，也有一些宁波裁缝，走南闯北寻求发展，如奉
化的杨和庆等人先去俄国学罗松派西服技艺，回国后又去日本，
然后回宁波开办西服店，其子杨鹏云后来成为红帮裁缝中出类拔
萃的一个人物。奉化的张少卿早年在上海当学徒，后去俄国，又

李顺昌西服店（陈万丰供图）

回哈尔滨。又如鄞县的陈顺来，早年在上海学生意，清末去俄国，后回哈尔滨。

在孕育期，还没有出现"红帮裁缝"的名号，宁波从事西服业的人数尚不很多。

2. 在改革中初创

红帮的初创大约在 1911 年至 1920 年。随着辛亥革命的胜利，新文化运动的开展，中国处于社会大转型中，服饰观念也发生改变，"西服东渐"成为一个显著标志。这时，国内的本帮裁缝转型成了"西帮裁缝"，而在国外学习西式服装的裁缝也一批批归国创业。于是，以上海、哈尔滨为主要基地的宁波红帮裁缝应运而生。
现代服装店在各大城市中涌现出来。

红帮初创期各地名师名店简表

城市	名师	名店	备注
上海	江良通、江辅臣父子	和昌西服店	中国第一家西服店
	王睿谟、王才运父子	荣昌祥呢绒西服店	
	王廉方	裕昌祥呢绒西服店	
	许达昌	培罗蒙西服号	
	王溆浦王氏	王兴昌、王荣康、王顺泰、汇利、荣昌祥、裕昌祥	被誉为南京路上"南六户"
南京	史久华	庆丰和西服店	注册"玉兔"新颖商标
	李宗标（李顺昌长子）	李顺昌西服店	
哈尔滨	殷伦珠	协兴洋服店	据不完全统计，1918年，哈尔滨的西服店已有60余家
	张定表	瑞泰西服店	
	石成玉	兴鸿西服店	20世纪40年代迁北京
长春	陈清瑞三兄弟	三益西服店	后更名为"瑞记"

续表

城市	名师	名店	备注
北京	李秉德兄弟	新记西服行	后更名为"新丰"
	应元勋	应元泰西服店	
	徐顺昌	徐顺昌西服店	以制作中山装闻名于北京
	郑顺和	发昌祥西服店	
天津	何庆锟	何庆锟西服店	
	王阿明	王阿明西服店	
济南	李鼎诚父子	顺兴祥西服店	
青岛	朱顺泰	华昌洋服店	
长沙	陈阿昌	同森西服店	

王才运（资料图片）

荣昌祥第二任经理王宏卿（王溆浦村人，曾任上海市西服商业同业公会理事长）（图源《追寻红帮的历史足迹》）

20世纪初南京路上的荣昌祥店面（陈万丰供图）

江辅臣，红帮裁缝早期创业功臣
（资料图片）

上海南京路西服名店"南六户"之一：裕昌
祥（资料图片）

上海南京路西服名店"南六户"之一：王顺泰（陈万丰供图）

哈尔滨瑞泰西服店创办人张定表（图源《追寻红帮的历史足迹》）

正反面名师陈阿根（图源《追寻红帮的历史足迹》）

另外，武汉三镇也是宁波裁缝发展事业的一大目的地。

总之，在这个历史时期，宁波现代裁缝已在全国相当多的大中城市经营起现代服装业，而且大有建树，诸如海派西服的创制、中山装的定型与推广、旗袍的改良，并出现许多名师。多种横向行业组织，如"同乡会""会所"以及大行业帮口"新服式同业公会"也呼之欲出。"红帮"的名号由此打响。

[叁] 在开拓中发展繁荣

从 20 世纪 20 年代后期至 50 年代中期，是红帮裁缝的发展繁荣时期。这一阶段中，红帮抓住发展机遇，全面拓展自己的事业空间。在海派西服、中山装、改良旗袍以外，由中山装为母本衍化出来的多种现代服装如军装、学生装、职业制服等陆续发展起来。

发展繁荣期又可分为两个阶段。20 世纪 20 年代后期至 40 年代后期，为第一阶段；1949 年至 20 世纪 50 年代中期，为第二阶段。

1. 走向发展繁荣的主要标志

（1）第一阶段的标志是同业公会的创立

红帮在 20 世纪上半叶迅速形成之后，经营品种日新月异，而且，"经营理念、经营风格、经营伦理、经营方略进一步明确、成熟；服装科技文化的研究、培养高水平接班人的工作，都取得空前的成就，并且形成优良传统。红帮由此进入发展的大繁荣时期"[1]。

红帮进入发展阶段的主要标志是各大中城市服装同业公会的普遍创立。红帮裁缝从松散的个体行为，到主动组织服装行业公会，发展形成了脱离血缘关系的横向行业组织。上海红帮裁缝最为典型，随着租界的一次次扩充，外国人的急剧增多和兴办实业的民族资本家的初露头角，包袱裁缝、裁缝作坊开始筹划组建同业公会。"1927 年 11 月，筹建新服式同业公会，1929 年 1 月 6 日正式成立，会所地址在塘山路北长生公所。"[2]之后，1946 年 3 月，改名为"上海市西服商业同业公会"，成为上海最具凝聚力和权威性的行业组织，是红帮裁缝的中坚力量。其中，仅奉化籍会员就多达 40 多户。而且自 20 世纪 40 年代起理事长大多是宁波人。

上海市西服商业同业公会委员会（奉化籍）会员名册
（1945 年 11 月—1949 年 1 月）

商号名称	地址	经理或代表	年龄	设立时间	资本额（法币）
丰泰西服号	九江上马路四川路口中央大厦103	毛裕品	36	1948年10月	100万（金圆）

[1] 季学源等：《红帮裁缝评传（增订本）》，第 35 页。

[2] 陈万丰：《创业者的足迹 宁波红帮裁缝资料集》，宁波服装博物馆，2003 年，第 39 页。

续表

商号名称	地址	经理或代表	年龄	设立时间	资本额（法币）
裕昌祥呢绒西服号	南京东路781号	王廉方	61	1915年	2000万
荣昌祥	南京路782号	王宏卿	47	1912年	2000万
王顺泰西服号	南京路791号	王汝志	29	1926年	1200万
王兴昌	南京路807号	王和兴	56	1912年	1000万
王荣康号	南京路815号	王嘉明	27	1928年2月	130万
大华服装公司	山东路105号	王相庭	22	1924年5月	3万
洽昌祥西服号	广西北路346号	王正甫	48	1932年4月	240万
聚昌祥信记号	贵州路229号	邬厚如	59	1943年4月	40万
王瑞锟	威海卫路198	徐茂鑫	41	1926年	100万
王昇泰新号	北京西路161弄5号	王一泉	41	1938年3月	50万
中华洋服号	龙门路13号	王廷表	37	1942年7月	2.5万
锦康	泰兴路412号	周厚生	38	1943年10月	10万
久昌	余姚路43号	王浩富	48	1936年	5000
亨达生	静安寺路48号	袁商城	36	1939年6月	50万
和昌号	静安寺路407号	江辅臣	47	1897年	600万
汇丰西服号	静安寺路429号	王继陶	55	1924年	1500万

续表

商号名称	地址	经理或代表	年龄	设立时间	资本额（法币）
洪昌西服号	静安寺路443号	郑兴茂	44	1944年5月	300万
伟勃	静安寺路497号	王国槺	26	1941年	600万
华康	四川路515号	董富华	55	1938年12月	未填
祥兴西服公司	四川路540号	应老赓	25	1941年12月	300万
祥生	四川路575号	邬清生	59	未填	105万
吉士洋服号	北苏州路228	葛崇义	38	1946年3月	200万
恒泰洋服号	海宁路252号	张乃明	52	1946年1月	20万
鸿锠	武进路314号	毛嗣宏	36	1937年2月	2.5万
荣康祥	靶子路353号	张品元	50	1938年	3万
爱尔顿西服号	库伦路187号	张静峰	34	1940年9月	5万
同义泰	东百老汇路	邬厚佑	49	1925年1月	800万
德泰西服店	东百老汇路	方国维	35	1941年3月	5万
锦昌西装号	霞飞路16号	孙文卿	41	1946年2月	100万
生生西服号	泰山路214号	周岳见	48	1937年	1000万
公平	泰山路220号	江良纪	46	1933年9月	300万
王桂昌	林森中路736号	王正开	37	1936年4月	5万
裕兴昌	泰山路251号	何喜	26	1943年9月	未填
锦泰洪记西服号	泰山路283号	洪顾氏	42	1930年	1000万

续表

商号名称	地址	经理或代表	年龄	设立时间	资本额（法币）
福利协记服装公司	泰山路319号	李祯祥	43	1944年1月	250万
陈汇昌洋服号	泰山路327号	陈生财	57	1942年1月1日	500万
竺兴昶洋服号	太仓路211号	竺广发	53	1926年1月	10万
正祥	大兴路411号	江祥表	28	1943年3月	未填
凡尔登西服公司	嵩山路58号	胡贡木	38	1940年12月	220万
林记	黄陂南路426号	陈林发	47	1943年10月	3万
屠荣泰	重庆路80号	屠荣贵	48	1935年	未填
锦彰西服号	常熟路9号	潘金位	43	1938年	2万

资料来源：上海档案馆藏资料

这种公会先后在全国各大中城市成立，发展迅速，均以红帮人士为骨干和主要领导成员。20世纪初，天津特别市制售西服业公会成立。1932年，苏州建立了吴县西服业同业公会，1945年更名为吴县西服商业同业公会。1940年，北京市西服装业同业公会成立。1941年南京特别市军西服业同业公会成立，有宁波籍会员51家，公会理事、监事中，宁波红帮裁缝占1/3。1946年4月，武汉成立缝纫业同业公会，等等。标志着"红帮裁缝从作坊式的小门面比较快地走向行业性的商团"。

为了维护西服缝纫业职工的权益，红帮不但成立行业组织，

上海市西服公会纪念册及纪念章（图源《追寻红帮的历史足迹》）

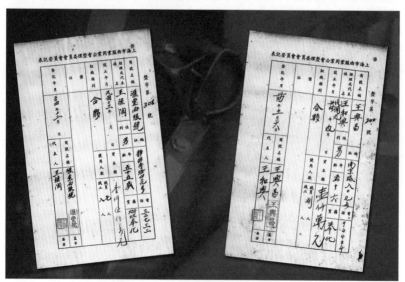

上海市西服业同业公会整理委员会会员登记表：汇丰和王兴昌（陈万丰供图）

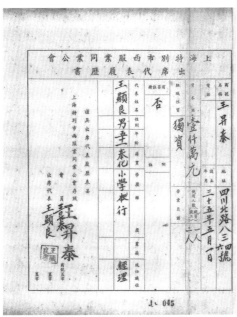

上海特别市西服业同业公会出席代表履历书：王昇泰（陈万丰供图）

红帮名店"协铝锦记"后人周国祯20世纪30年代童年照（图源《追寻红帮的历史》）

20世纪40年代"汇丰"牌咖啡直条纹西装（宁波服装博物馆藏品）。汇丰是奉化人王继陶于1915年开设在上海南京西路429号的著名上海西服店，是南京路上"南六户"之一。

而且还创建了服装业工会。如 1945 年 12 月，以蒋明良为首的红帮裁缝发起筹建了南京西服缝纫业职业工会。仅鄞县一县，在各地建立的同乡会、公会等已达 40 余个。

（2）第二阶段的标志主要是中山装的普及与创新

1949 年至 1950 年代中期，是红帮发展繁荣的第二阶段。

这个阶段的主要标志是中山装的普及与创新，并且产生了两大代表作：一是红帮裁缝为周恩来总理精心制作的中山装。周总理穿着这款中山装于 20 世纪 50 年代出席著名的"日内瓦会议""万隆会议"等重大国际活动，向全世界传递了新中国"飒爽英挺，风神超迈"的服饰形象。二是红帮裁缝为毛泽东主席精心设计、制作的中山装。这款中山装由王庭淼、田阿桐两位名师制作，两位大师根据毛泽东的脸型、身材和气质特点，对中山装进行大胆的创新，将上面两个衣袋的袋盖改为弯而尖，使衣服更显出朝气和动感；下边的两个口袋比较大，整个服装较为宽舒；垫肩稍微上翘，两肩更加平整服帖；领子变化尤大，领口大，翻领大，完全改变紧扣喉部的款式。作品既有中山装的特征，又有独特风范。悬挂在天安门城楼上的毛泽东标准画像上的服装，就是这种服装。这种改进了的中山装被称为"毛式服装"。在国际上也获得了一致认可与好评。

2. 发展繁荣阶段的状况

红帮发展繁荣阶段的状况，可以分别从上海大本营以及其他各大中城市来看。

（1）红帮裁缝在上海大本营的发展状况

在上海，发生了红帮进入发展繁荣期的几件标志性大事：顾天云的服装专著《西服剪裁指南》的印行、红帮名人名店自主联合创办的上海裁剪学院（后改为上海市私立西服工艺职业学校）、由红帮为主要发起人组建的上海市西服商业同业公会等全市性行业组织的创立，表明红帮已不再是各自为战的小群体，已走向集团式的创业大群体，据当时出版的《甬光初集》记载，20 世纪 30 年代，红帮在上海开设的西服店多达 90 家。另据资料统计，1937 年在今上海黄浦区的区域里，就有奉化人开设的西服店 35 家。这些企业大部分成为上海的名牌商店，对南京路的繁荣、中国西服业的发展，产生了巨大的影响。西服业有"四大名旦"和"四小名旦"的称号。其中红帮名店"培罗蒙"更是佼佼者，上海滩曾盛传"西装要穿培罗蒙，大衣要买王兴赐"之说。

进入这一时期。据不完全统计："40 年代末，上海共有西服店 701 家，可谓林林总总、星罗棋布。其中，宁波人开设的有 420 多家，占总数的 60% 左右。从业人员五六千人，年产西装 10 万多套。"[1] 这些店号主要分布在南京路、霞飞路、林森中路、四川路、湖北路和北京西路、大名路、中华路、凤阳路、虬江路等闹市区和居民稠密地段。

发展繁荣阶段红帮裁缝在上海的情况表

名师	名店	大事（功绩）
王才运	荣昌祥呢绒西服店	荣昌祥等，号称南京路上西服业"南六户"
王廉方	裕昌祥呢绒西服店	
王才兴、王和兴兄弟	王兴昌	
王辅庆	王顺泰	
王士棋	王荣康	
王士东	汇利	
江辅臣	和昌号西服店	
许达昌	培罗蒙西服店	
顾天云	宏泰洋服店	专著《西服剪裁指南》印行
周锦堂父子	协锠记西服店（含其子的"协锠锦记""协锠钰记"）	
王宏卿、周永升等	创建军用被服厂华商被服厂	转战千里，为抗日战争立下了卓著功勋，并直接支持浙东四明山根据地创办了四明被服厂

[1] 陈万丰：《创业者的足迹 宁波红帮裁缝资料集》，第 40 页。

续表

名师	名店	大事（功绩）
楼景康（掌门人之一）	雷蒙	创立海派西服
戴永甫		研究服装科技，"D式裁剪"引起高度关注，"是目前唯一具有理论根据的科学裁剪方法"
谢兆甫		创立了裁剪缝纫传授所，兴旺了43年。在服装教育方面树立了一面旗帜
陆成法		"裁缝状元"，为各种特殊体型的人制作合体的服装
王庭淼	上海21家服装名店和一批高级技师，分批迁进新中国的首都，重组为"雷蒙"等7家国营服装店。两年后又合并为"友谊""友联"两家，后来又整合为红都时装公司	1956年，中南海成立"中办特会室服装加工部"，挑选12名技师前去工作。王庭淼为人选之一，后担任红都服装公司第二任经理

王才运是奉化江口王溆浦村人，"在他的榜样行动带领下，该村的王氏族人先后到达上海，以能者为师和一带十、十传百之势，勤学苦练，迅速掌握西服缝制技术，有的成为西装专家。到20世纪40年代末，仅奉化人在上海就开了136家西服店，占领了上海滩，垄断了南京路。红帮裁缝在人流如潮的申城成名"[1]。由荣昌祥衍生出很多西服店。离开荣昌祥自立门户的有王才兴、王和兴兄弟开设的王兴昌，王辅庆开设的王顺泰，王廉方开设的裕昌祥，

[1] 陈万丰：《创业者的足迹 宁波红帮裁缝资料集》，第19—20页。

王士棋开设的王荣康，王士东开设的汇利，包括荣昌祥在内，号称南京路上西服业"南六户"。20 世纪 30 年代后又派生出第二代、第三代红帮裁缝西服店。

培罗蒙创始人许达昌（图源《追寻红帮的历史》）

20世纪40年代的上海培罗蒙（陈万丰供图）

裕昌祥经理王廉芳，曾任上海西服商业同业公会理事长（图源《追寻红帮的历史》）

谢兆甫，创立"裁剪缝纫传习所"〔图源《红帮裁缝评传（增订本）》〕

陆成法，被称为"裁缝状元"（图源《追寻红帮的历史足迹》）

楼景康，雷蒙掌门人之一，创立"海派西服"（资料图片）

协锠锦记经理周锦堂（图源《追寻红帮的历史足迹》）

王兴昌经理王和兴（图源《追寻红帮的历史足迹》）

（2）红帮裁缝在国内其他各大城市开拓状况

发展繁荣期中除了上海涌现出来的红帮名师名店外，在国内其他各大中城市，以及海外，红帮人同样在开拓发展，建功立业。

红帮在各大城市开拓情况表

城市	名师	名店	备注
南京		李顺昌	抗战胜利以后，曾为蒋介石等国民党党政人员制装
	蒋沛庆、谢多庆、陈渭庆		被誉为石头城"三庆"
重庆	黄一峰	华丰	抗战期间，内地有很多红帮商店迁往重庆，包括南京的李顺昌、上海王士楚的王荣康西服店
	王厚甫	柏罗斯多夫	1941年《宁波旅渝同乡会会刊》记载
	华家训	国际	
	乌一美	环球	
	徐有文	上海服装公司	
	周知行	青年时装公司	
北京	李秉德兄弟和李秉德父子	新记西服店、新丰西服店	李氏成为北京的红帮裁缝世家
	石成玉（1946年迁京）		"服装博士""中山装专家"
	余元芳、王庭淼、陈志康	红都服装公司	先后出任经理
天津	何庆丰	何庆锠西服店	天津小白楼服装黄金街"龙头老大"
	王庆和、孙光武		获得"京津女装高手"的称号

续表

城市	名师	名店	备注
哈尔滨	张定表	瑞泰西服店	被誉为"东北第一把（剪）刀"
	陈宗瑜	义昌西服店	1949年哈尔滨解放，缝纫业同业公会成立，陈宗瑜被选举为主任委员。不久，又出任军需厂厂长。在解放战争、抗美援朝中作出重要贡献
	陈阿根		被称为"正反面阿根"。其子祥华继承父业，1950年12月在抗美援朝中，曾组织1200名技工出色完成为志愿军赶制20万套军服的艰巨任务
武汉	陈尧章	祥康	3家名店于1956年合并为"首家"
	邹佩庭	怡和服装店	
	方才德	首家服装店	
拉萨	陈明栋、孙家茂		1985年9月，陈明栋荣获西藏自治区政府颁发的"为和平解放西藏、建设西藏、巩固边防作出贡献"荣誉证书
西宁	陈星发与50多位上海师傅		先后荣获西宁第一服装厂颁发的"支边创业奖"和国家纺织部、中国纺织总会颁发的"边疆从事纺织工作三十年贡献奖"。为西宁服装业培养了一大批德才兼备的接班人
兰州		王荣康	1956年春，由上海整体搬迁至兰州

续表

城市	名师	名店	备注
香港	许达昌	培罗蒙	20世纪40年代到60年代，内地红帮服装企业移师香港的甚多。从上海迁去的红帮名店、红帮裁缝成为香港制衣业的开拓者，成为香港工业革命的一支主力军
	陈荣华	W.W.CHAN & SONS"	
	王铭堂父子	老合兴	
	张瑞良	恒康	
	车志明	利群	
	尉世标	锦锠	曾为美国总统克林顿制装
台北	包启新	格兰	

李玉堂祖孙三代在北京王府井大街开设的"新记行"服装店

香港培罗蒙门店及"培罗蒙"铜牌标志（陈万丰供图）

20世纪40年代石成玉用过的铝划板（宁波服装博物馆藏品）

支边西宁、曾任西宁市服装研究所所长的陈星法（图源《追寻红帮的历史足迹》）

红帮挺进西部的代表之一陈明栋（图源《追寻红帮的历史足迹》）

　　在宁波本土。1946 年建立"鄞县（宁波）机制服装业同业公会"，有会员 69 家。红帮代表人物有杨鹏云、林丽水、沈仁沛、孙升高等。

　　杨鹏云，1917 年生于奉化西坞杨溪头村。与父亲杨和庆开办永和西服店，他们的服装店，曾是中共地下党活动的场所，掩护、营救过被捕的共产党员。此外，林丽水开办万兴祥西服号，沈仁沛开办三一服装店，孙升高开办源丰祥服装店。

（3）红帮裁缝在海外的拓展状况

　　在海外，红帮在不少国家都有西服店，其中日本尤多红帮名店，只神户一地，就有宁波红帮裁缝经营的西服店 15 家。

红帮在日本名店例举

城市	名师	名店	备注
东京	戴祖贻	培罗蒙	1990年在东京帝国饭店开业，先后为美国总统福特和日本政要、商界领袖、文体明星等精制了数以万计精美西装
	张肇扬（张氏第4代）	公兴昌分店	
神户	汪和生	幸昌洋服店	先后担任过日本关西华侨洋服公会会长、日本兵库县浙江同乡会名誉会长
	卢德财	炳昌洋服店	日本兵库县浙江同乡会会长
横滨	刘忠孝 陈阿财 陈根财	隆兴（隆新）洋服店	红帮裁缝拓业日本的一个驿站

20世纪50年代日本培罗蒙西服店的顾客签名本，其中有柬埔寨、印度尼西亚、美国驻日本使馆外交官以及日本政界、商界名人签名（宁波服装博物馆藏品）

隆兴洋服店陈愈康（陈万丰供图）

（4）红帮裁缝的发展里程碑——组建红都服装公司

在红帮的发展繁荣期，还有一件大事，是红帮发展的一个新的里程碑，这就是红帮北上组建红都服装公司。

中华人民共和国成立后，新中国第一代领导人关心北京人民的着装问题，已经在考虑让"上海师傅"进京。1956 年，在周恩来总理的直接关心下，3 月至 4 月，21 家服装店、208 名服装技师，先后分两批从上海迁入北京；随后又迁入 12 名服装技师，成立了中央办公厅特别会计室服装加工部。当年，又开设了金泰、蓝天、雷蒙、鸿霞、造寸、波纬、万国七家上海迁京老字号服装店。他们成了北京市红都时装公司的早期技术力量，为北京的服装业做出了贡献。

1957 年，由余元芳任经理的波纬服装店从前门饭店迁入东交民巷 28 号，与上海迁京的万国时装店合并，成立新波纬服装店。1957 年 4 月 18 日，波纬服装店正式开业，外宾制装渐多。老一辈党和国家领导人毛泽东、刘少奇、周恩来、邓小平、李先念等的服装，也由余元芳等师傅到钓鱼台量体制作。1967 年"波纬"改成"红都"。以后，红都又参与历年"两会"代表服装制作。

60 多年来，这一由红帮裁缝构成的服装企业，为历届党和国家领导人及外事工作者、外宾做过无数服装，赢得普遍赞誉。

迁京后的波纬服装店（资料图片）

迁京后的蓝天服装店（资料图片）

迁京后的雷蒙服装店（资料图片）

余元芳（资料图片）

王庭淼（资料图片）

　　红都服装店有三任宁波籍经理。

　　余元芳（1918—2005），宁波奉化白杜乡泰桥村人。1941年满师后在上海南京路王顺泰西服店工作。1949年偕兄在上海大厦开设波纬西服店。1956年4月进京，创建红都服装店，1957年至1965年9月出任红都服装店第一任经理，任期9年。曾为刘少奇、周恩来、叶剑英、贺龙等党和国家领导人制装，多次受到好评。

　　红都第二任经理王庭淼（1922—1996），宁波鄞县甲村人。1956年在上海服装公司第一工场工作，同年调到北京，在中共中央办公厅特会室下属的服装部为国家领导人制装。1965年9月至1985年9月出任红都服装店第二任经理，任期20年。多次为毛泽东、周恩来、邓小

平、李先念等党和国家领导人制装，
被周恩来誉为"巧匠"。

陈志康（1934—　），宁波奉化
溪口镇岩头村人。1956年4月奉调
到北京，在红都服装店工作。1985
年3月至1998年出任红都服装店第
三任经理。为杨尚昆、李鹏、王光
英等党和国家领导人以及全国"两
会"代表制装。

陈志康（资料图片）

改革开放后，中国进入新的发展阶段，红帮也开始了新的历
史进程，走向腾飞，红帮故乡宁波服装产业的高速发展是极为典
型的缩影，而老一辈红帮人殚精竭虑为家乡服装业的发展做出了
重要贡献。

二、红帮裁缝技艺

红帮裁缝有哪些绝技，其技艺特征是什么？本章主要从精细的工艺流程、融贯中西的技法、精到的成衣标准、匠心独运的绝活四个方面记录分析红帮裁缝的技艺。

二、红帮裁缝技艺

红帮裁缝技艺是立足于宁波本帮裁缝技艺传统，又吸收西方立体裁剪技术，从而实现"中西合璧""中体西用"创造性转化的制衣工艺，于 20 世纪 30 年代前后形成了一套精巧的红帮技艺，成为红帮裁缝立业的基石。红帮裁缝技艺内蕴着开拓创新、追求卓越的大国工匠精神，其注重个性化定制，尤其形成"目测心算、特型矫正、翻新补洞"等绝技，首创中山装、改良旗袍、"海派"西服，开办了国内首家西服店、首家服装学校、编纂了首部西服裁剪教材，推动了中国传统服饰的现代转型。

[壹] 精细的工艺流程

红帮裁缝制作服装包括"量、算、裁、缝、烫"五大环节，具体有量体、选料、定款、划样、裁剪、缝纫、扎壳、试穿、修改、缝制、整烫、锁眼、钉扣、成衣等精细流程，工序多达 130 余道。这些工序中的缝纫，除直向缝合用缝纫机外，其余都用手工缝制。

1. 重要工序要点概述

红帮裁缝手工定制的重要工序包括量体、选料与定款、试穿与修改等，要点是：

量体，所谓"量体裁衣"，量体师需要悉心记录下所有的尺寸，以便在以后的工序中通过对服装上细微的调整和剪裁来修饰身材的不完美。

选料，需要结合穿着场合、季节等因素挑选出最合适的西服面料。高级定制的西服面料多用进口料，特别是英国花呢、大衣呢、马裤呢、克罗丁等，有的面料、里子需要经过缩水处理。

定款，其要点要放在细节的确定上。在决定款式和细节后，再进行划样、裁剪、缝纫、扎壳。

试穿与修改，是体现高级定制的重要环节，而且这两个环节是紧密结合的。第一次试穿为"穿壳子"，即先出毛壳，请顾客试穿。裁缝师已经按照客人的尺寸，用面料做成了一个壳子样请客人穿上，然后裁缝师会根据客人身材做技术上的调整。最后请客人对衣服提出意见，比如长、短、大、小等，在这阶段衣服的所有部分都能随意修改。第二次试穿被称为"穿光样"，衣服在这阶段已完成70%，和穿壳子一样，裁缝师会再进行技术上的调整，然后请客人对衣服提出进一步修改意见。有的需试样 3 至 4 次，试一次，修改一次，边试边改，直到满意为止。

最后进入整烫、锁眼、钉扣、成衣。

2. 基本流程例举与展示——以中山装制作为例

红帮裁缝技艺复杂精湛，所制中山装、旗袍、西服、大衣等不同服型特色鲜明。中山装是红帮裁缝运用"化洋为中"原则创制的典型款式，其制作工艺吸收了西式裁剪方法，外观设计却体现出东方思维和中式审美。

中山装缝制过程中需经定样、试样确认是否合身，边做边烫、边试边改。成品中山装需进一步整烫，达到平、服、顺、直、圆等标准。中山装缝制工序中，蕴含着刀功、手功、机功和烫功的综合运用，劈、刮等立体裁剪技术，纳针、回针、明缲针等独特针法（有扳、串、甩、锁、钉、撬、扎、打等十余种手法），推、归、拔、压等不同熨烫手法，均体现出红帮裁缝独特的技艺经验和知识体系。

传统中山装制作需40多道工序，其基本流程为：

①量体：根据个体特征，综合穿着者体型面貌、穿着习惯、职业、季节等要素，由专业师傅测量尺寸，做好数据记录。

②选料：提供各种品牌的面料供客户选择，然后确定、检验面料、里料和衬料。

③划样：依据量体数据，以及客户的要求及喜好来设计、绘制平面结构图。

④裁剪：根据划样剪裁出各部位衣片，检查主辅裁片是否

齐备。

⑤缝制：中山装的缝制分精做和简做两种。精做中山装的缝制步骤为：放缝、打线钉、剪省、甩缝子、裁衬、缉缝省缝、缉袖片、衣片归拔、复衬、打碎料、裁配夹里、做挂面与里袋、做袋盖和袋、做领、装大小袋、做止口、做摆缝、做省缝、装领、缉止口、做袖、装袖、划眼、整烫、钉钮等。

缝制阶段，打线钉是手工缝制中山装基本功之一，起到衣片定位作用；另外手功中的扎袖笼圈，也极为考验手上工夫，主要的针法用回针，也叫倒钩针。"机功"则是代替部分手工，熟练操作机车的阶段。

⑥熨烫：熨烫技巧十分讲究，使用推、归、拔工艺，熨烫出圆势、窝势、胖势等不同的势道，以符合人体各部位的要求。

⑦试身：以检查中山装前后片和肩部是否妥帖，是否符合人体体形。检查是否有不妥帖、不平直、不圆润之处，以便再次修改。

⑧成品：完工后的中山装，显示出平、服、顺、圆、滑等要求，富有饱满感、庄重感。

量体

划样

裁剪

打线钉

手工扎袖笼圈

机工

熨烫

试身

中山装成品（奉化区非遗保护中心供图）　以中山装为母本造型的中华立领"青年装"（金达迎工作室供图）

[贰] 融贯中西的技法[1]

红帮裁缝技艺的核心特征就是在中西融合、中体西用的工艺理念与以人为本、推重个性化定制的从业精神引领下的特色工艺手法——"四功"，即刀功、手功、机功、烫功相结合的精湛技法，尤以刀功（裁剪工艺）和手功（针法）最为复杂，学艺难度高。

1. 刀功

刀功：指剪裁水平，剪裁时既要按设计要求裁出造型款式优美、适合人体特征的衣片，又要力求节约用料。刀功还包括：男式服装试样后的"劈、

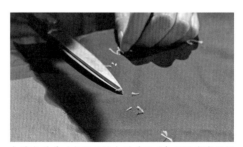

打线钉是手功与刀功结合的手法（奉化区非遗保护中心供图）

---

[1] "四功""九势""十六字诀"，综合采访红帮裁缝技艺传承人蒋楠钊、金达迎、王小方等；综合参考刘云华：《红帮裁缝研究》，浙江大学出版社，2010 年。

刮、修正"，女式服装裁剪后"定样"[1]。

（1）工具

①剪刀

裁剪西式服装的剪刀不同于中国传统的剪刀，主要体现在剪刀刀柄的设计上。中国传统剪刀的手柄是左右对称的两个圆环，适合于剪小件物品或薄型面料。西服裁剪刀的两个手柄则有大小之分，其形状、大小与手指握剪刀的状态恰好相符，大的圆环容纳手的四指，小圆环容纳大拇指。裁剪面料时，下刀口的刀尖始终与桌子形成支撑，剪出的线条均匀流畅，而且这种剪刀的刀身较长，非常适合面积较大、有一定厚度的面料裁剪。

刀功中要讲究剪刀的使用方法：一只手有力握紧剪刀手柄，起刀干脆、利落，眼睛看准划线，做到心中有数，不犹豫，裁线挺直、顺滑。剪刀前行时，注意控制剪刀口的合拢度，转角处刀口一定要闭合，保持剪刀匀速、准确地向前滑行。另一手伴随剪刀的滑行，轻按所剪划线附近的布料，防止剪开的布面翘起、不平，影响剪刀的速度与准确性。若剪到袖笼等弧度较大的曲线，速度可稍放慢，利用腕部力量灵活控制剪刀的方向，并尽量保持剪刀与桌面的垂直状态，因为剪刀与布面呈90度，力度最大。总之，裁剪时手持剪刀要稳、腕要活，落刀干脆，刀口张合量控制

[1]陈万丰:《创业者的足迹 宁波红帮裁缝资料集》，第41页。

西式服装裁剪刀（摄于金达迎工作室）　裁剪讲究刀稳、腕活（摄于王兴昌洋服店）

适度，刀行速度快且均匀，裁出的衣片要准确、光滑、顺直。

②尺子

尺是测量和绘图工具。测量人体数据的尺为软尺；有一定硬度的尺子，能够划各种长度的直线、曲线，可方便绘制裁剪图。硬尺又有直尺与弯度尺之分，其中弯度尺主要用于划背缝，收腰线。

20 世纪 30 年代初期，上海红帮裁缝名师顾天云最早将国外一套完整的西服裁剪方法编辑成书，比例尺、曲尺等绘图工具也随之被引进中国。

顾天云引进的西服裁剪方法，需要借助于一种直角比例尺，《西服裁剪指南》中称之为角尺。角尺使用非常方便，能够快速确定划线长度，节省绘图时间。

按照角尺比例尺的原理，顾天云之后的几代红帮裁缝如戴永甫、江继明发明了不同形式的比例尺。

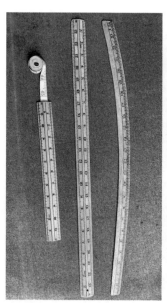

皮尺（左上）、短尺（左下）、长尺
（中）、弯尺（右）（摄于奉化金达迎
工作室）

使用弯度尺划线（王兴昌洋服店供图）

　　曲尺主要为方便绘制裁剪图中的曲线，如领圈弧、袖笼弧等。
1943 年上海西服业同业公会创办的裁剪班，学生所用的曲尺为顾
天云从国外引进，其外轮廓为三角形，三角形塑板内部挖空为不
规则的曲线图形，可用以划弧。这个曲尺弧线被限制在三角形内，
因此不太适合划弧度较大弧线，如袖笼弧线。

　　红帮裁缝第六代传人江继明于 2007 年成功发明了一种专门用
于划袖笼弧线的专业曲尺。这种曲尺的弧度与袖笼弧度、领圈弧

度等切合度非常高，形如人眼，由此取名为"服装眼形巧板"，巧板有大小一对，分别可绘制 1：1、1：3、1：2、1：5 的袖笼弧度，曲尺上的刻度，还方便测量袖笼弧线的长度，解决了长期以来袖笼弧线较难绘制的难题。

（2）裁剪图

平面裁剪图是根据穿着者

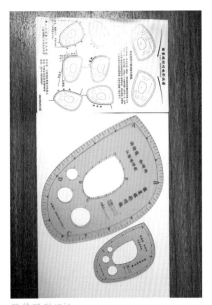

服装眼形巧板

的体型、面貌、爱好、性格等各方面的因素，设计、绘制出适体、美观、符合穿着者要求的平面结构图。裁剪图的各种数据以及绘制方法都要以人体为参照对象，它其实是一种用平面图形表现立体形体的方法。

为了改变当时中国西服业裁剪技术相对落后的状态，培养更多的西服裁剪人才，红帮裁缝顾天云于 1933 年编写了我国第一部西服裁剪书籍《西服裁剪指南》，书中的裁剪知识是顾天云在国外学习西服裁剪技术 20 年的结晶，它代表了 20 世纪 30 年代国内西服裁剪技术的最高水平。

顾天云的徒弟以这本书为基础，不断研究、改进西服裁剪方法，归纳总结自己的制图计算公式，其中戴永甫的"D式裁剪法"是集大成者，他于1984年出版了《服装裁剪新法——D式裁剪》一书，被当时的《文汇报》称誉为"提供了国际上从未有过的服装结构的准确的函数关系，是目前唯一有理论根据的科学裁剪新方法"。"D式裁剪法"是戴永甫在40多年服装裁剪实践中，以广泛调查、测量、验算为基础，反复研究人体的纵横向增长规律，分析服装内外层次的穿着关系，创立的一套科学的服装裁剪方法，它是20世纪80年代红帮裁缝对服装裁剪技术进行理论总结的代表。

戴永甫的徒弟江继明研究"D式裁剪法"20多年，编写服装专业书籍《服装裁剪》《裁剪与缝纫》《服装折纸打样法》，发明"透明活页服装样卡""领头大小核对法""快速服装放样板""服装裁剪三围活动标尺""教学服装模型"等多项国家专利，他以"D式裁剪法"为基础，对服装裁剪技术操作的简易、快速与准确性作了进一步的探索。

红帮裁缝三代人顾天云、戴永甫、江继明的西服裁剪技术研究，体现了红帮裁缝对西服裁剪技术探索的历程。红帮前辈们的科学研究精神及技术成果还培育了许多服装技术新人，他们从红帮裁缝的科学方法中汲取营养，发展创新，为服装技术的发展做出了贡献。

2. 手功

手功，就是运用手针缝制衣服的工夫，与刀功是相辅相成的工艺程序，它是"四功"中最难、最复杂的工序。在一些不能用缝纫机操作或用缝纫机达不到质量要求的部位，采取手工针缝。手工变换的针法能使服装达到与人体自然服帖的效果。所以，红帮裁缝常说，手工缝制的衣服是"活"的。相对来说，机器做出的衣服是"死"的，即死板僵硬。

手功的练就非常艰辛，红帮裁缝对手功练习、针法的运用都有严格的规定。

(1) 工具

手缝的主要工具是手针和顶针。手针一般为钢针；顶针，行内俗称针箍，用铜、铅或其他金属制作而成，开有活口，可调节环箍大小。顶针表面布满均匀的凹窝，它的作用是顶住针尾前行。

红帮裁缝拿针缝制，必先带顶针。针的前行主要靠顶针的推动，无论针速如何快，针尾都不能与顶针脱离，它们是紧密相连的一体，针与顶针的配合程度是手上工夫的体现之一。

(2) 练手功

①坐姿

选用无靠背、高低适中的座位，身子要求坐直，以舒适自然、不易疲劳为宜。

抓针, 中指戴顶针, 大拇指食指拿针, 入行必学 (金达迎工作室供图)

　　工具摆放讲规矩。常用工具放在面前的工作台板右侧, 随取随用、随用随放。手针较细小, 应养成用毕即插在针插上的习惯, 不能随手插在衣物上, 以免刺伤人。

　　环境要清洁, 剪下来的碎纸和布屑及时清理, 始终保持桌面整洁。

　　②指腕工夫

　　手指、手腕的灵活性, 左右手、针与针箍配合的协调性主要通过纳布进行基础训练。纳布训练是在布上进行手缝练习, 它是训练手功的基础, 红帮裁缝对纳布的训练尤为重视。纳布训练时可坐可站。如果坐着纳布，肘部悬空，要练习肘部长时间悬空而不感到酸痛；如果站着纳布，双脚与肩同宽，背部微弯，双手基本与腰同高。纳布训练的初期阶段主要是训练手的动作。一般用空针缝纳单层的薄布料。纳布训练的进阶阶段主要练习手劲。针穿上线后开始缝纳质地紧密的硬布料，并且逐渐加厚布的层数，双层、三层、四层，要练到长时间纳厚布而掌心不出手汗为止。有资料记载："红帮裁缝运针时腕指用力，肩臂不动，就很能使劲，再经长期锻炼，功夫愈深，拉起线来愈平直而均匀，制成服装后尽管一次再一次洗，不会皱缩……"红帮裁缝这种功夫，就是通过纳布训练练就的。在辛勤与汗水中，红帮裁缝还练就了诸如"热水里捞针、牛皮上拔针"等绝技。

除了指腕工夫，红帮还注重细节处理工夫，如穿针引线。穿针引线是手工缝制的第一步。取线长短要适宜；断线、穿线速度要快。又如打线结，速度快且线结光洁，不露线头。

（3）针法

红帮裁缝总结出 14 种针法，分别用于缝制西服的不同部位，"主要有扳、串、甩、锁、钉、撬、扎、打、包、拱、勾、撩、碰、搀等 14 种工艺"[1]。在缝制过程中，14 种针法的作用各有不同。

---

[1]陈万丰：《创业者的足迹 宁波红帮裁缝资料集》，第 41 页。

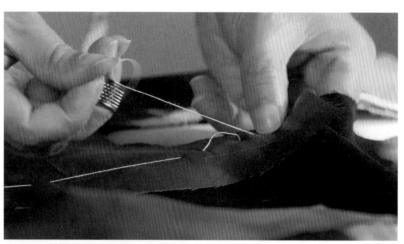

手工定里子（奉化区非遗保护中心供图）

均匀的针脚体现扎实的功底（金达迎工作室供图）

（4）红帮裁缝与传统本帮裁缝针法的比较

中国传统服装为宽大的平面式结构，缝制方法也和平面式的结构特征紧密相连，裁剪方法较简单，不用考虑人体不同部位的曲面特征。

红帮针法与本帮针法最大的区别体现在对立体曲面的塑造，红帮称之为"窝势"。红帮针法与立体的裁剪结构相辅相成，用于塑造适于人体不同部位的曲面效果。针法塑造曲面的手段主要通过由线到面的针法变换和运针时的手势配合。

如扎针，"八"字形斜线排列的针法，将线转化为面。运针时，通过两手的配合，将每一个"八"字小面塑造成一定弧度的小曲面，它们排列在一起便形成一个立体的大曲面。

扎针主要用于"扎驳头"，它可使驳头形成自然弧面，翻折后不起翘，与人体胸部的弧面相服帖。扎驳头是传统西服手工工艺的重要体现之一，红帮裁缝常以扎驳头的好坏作为评判一件西服工艺优劣的重要标准。

八字手工扎驳头（奉化区非遗保护中心供图）　　八字针效果图（奉化区非遗保护中心供图）

　　红帮与本帮针法另一区别主要体现在 14 种针法中的"锁"和
"钉"。

　　中国传统服装的开合方式主要为系带和盘扣两种，因此不需
要开扣眼和锁扣眼，固定盘扣的方式也与钉纽扣的方法截然不同。
可以说，扣子缝制方式是中西服饰最明显的特征之一。

　　扣眼的锁针是西服面子上唯一显露针迹的地方，因此红帮裁
缝对锁扣眼的要求极高，认为"扣眼如人眼"，精致的扣眼能起到
画龙点睛的作用，手工锁出的扣眼立体感强，极具装饰性，其外
观效果是锁眼机无法达到的，所以在高级定制中，仍然不用机器

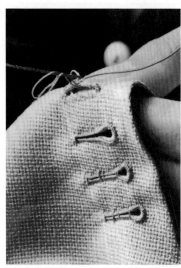

手工锁眼（摄于奉化区王淑浦村文化礼堂）

手工钉纽扣效果图（雅楚服饰提供）

手工钉纽扣（王兴昌洋服店提供）

代替手工锁扣眼。扣眼能形成较强立体效果的关键还在于隐藏在锁针里面的衬垫线。锁扣眼前，先在离扣眼线左右0.3厘米处分别缝上两条与扣眼线平行的线钉，这两条线要拉直，但不能拉得过紧，以防扣眼边布起皱，然后开始围绕衬线从左边到右边打套节。以两条线钉为衬垫锁缝的扣眼，不但牢固、面料不宜起皱，而且立体感强，视觉效果极佳。

扎驳头和锁扣眼既是红帮与本帮裁缝手法最大的区别处，同时也是红帮手功中最见功底的地方。师傅对学徒在这两道工序方面的要求最高，红帮老裁缝们对此都记忆犹新。

3. 烫功

烫功，指在服装的不同部位，运用推、归、拔、压、起水等不同手法，在适合的温度、湿度和压力下操作熨斗的水平。[1]所谓"三分做功七分烫"，烫功是"四功"中最见成效的工艺。"烫功"在服装缝制过程中与"手功"密不可分，许多工序需要先烫再缝，也有一些工序需要边缝纫边熨烫，

烫功（奉化区非遗保护中心供图）

---

[1] 陈万丰:《创业者的足迹　宁波红帮裁缝资料集》，第42页。

而整件衣服加工完成后，也需要用熨烫加以整饰。熨斗的工作原理是通过加温加压的推移，使服装织物的结构产生一定程度的变形，从而达到适体、挺括的要求。温度、压力和有助于面料变形的湿度这三大要素是掌握熨烫原理的关键。

（1）工具

①主要工具——熨斗

熨斗在中国的历史非常悠久。在唐代，熨斗的使用已经相当广泛。白居易在《缭绫》中云："广裁衫袖长制裙，金斗熨波刀剪纹。"其中"金斗"就是熨斗的一种别称。这种熨斗多为"碗状"，

红帮裁缝初期用的夜壶熨斗（摄于宁波温故非遗展第二十四回"衣锦"）

斗的外形像一个碗，为铜质或铁质，平底敞口，一端是手柄，使用时，斗内装有木炭之类的燃料，斗被烧热后，用平底熨烫衣服。

清末民初熨烙两用熨斗（宁波服装博物馆藏品，此熨斗是旅日裁缝孙通钿从日本学艺带来，比国内当时的熨斗先进，是红帮裁缝历史的重要实物）

近代红帮裁缝引进西服工艺后，西服的熨烫工具也由西方传入中国，这种熨斗不同于"碗状"熨斗，它具有更多的优点，适合对西服毛料施加压力进行变形熨烫处理，由于它的外形像"夜壶"，行内称之为"夜壶熨斗"。

以后，红帮裁缝又发明了一种结构更简易、造价更低廉的熨斗，行内称之为"烙铁"。烙铁由一块实心铁铸成，形状与"夜壶熨斗"相似，可放在煤炉上加热。烙铁的优点是分量重，大烙铁一般重达七八斤，分量重的熨斗对厚重毛料的压烫效果非常好，而且烙铁的价格比较便宜，因此受到许多红帮裁缝的青睐。

②辅助熨烫工具

为实现服装与人体相符合的立体效果，熨烫时须用一些衬垫工具辅助熨斗工作。

铁凳，形如小圆凳子，凳面为略带弧度的凸面，可将衣服放

袖笼凳（王兴昌洋服号供图）

不平的部位，如肩部、袖笼，支起一定的高度，放在凳面上熨烫。凳子高度一般为 25 厘米左右，凳面直径大约 13 厘米，其大小与形状正好满足肩部的长度与弧度。凳面外层包布，内衬棉花或呢绒，以吸收熨烫时的水蒸气，也可防止铁凳受潮生锈。

馒头，是用布包木屑做成形如"馒头"的熨烫辅助工具，主要用以衬垫西服的胸部、臀部等丰满凸出的部位，使衣片产生"胖势"，因此馒头要做得软硬适当，表面圆顺，略带弧度。按西服不同部位的曲面大小，馒头分为"大馒头"和"小馒头"。

马凳（又称飞机架），通常用硬木制成，上部的凳面一头尖窄，一头方宽。凳面下面的支撑柱没有位于中间，而是稍偏离尖窄的一端，这使凳面尖窄一端形成较长的一段悬空面，形似飞机的翅膀，红帮裁缝风趣地称之为"飞机"。马凳有长马凳与短马凳之分，短马凳用于熨烫衣袖、裤管等部位，长马凳专门用于大烫。

烫布，"通常采用一种退过浆的、组织细密的白色棉布，吸水性能好，熨烫时铺放在衣面上，避免熨斗直接接触衣物，防止损伤衣料或产生极光现象"。

长马凳，又称大飞机架（摄于奉化金达迎工作室）

垫呢，是一层较厚的呢料或线毛毯，上面再盖一层粗的白棉布做垫布，熨烫时垫在衣服与工作台之间，避免熨烫时工作台弄脏衣服或留下不平的痕迹。

（2）熨烫工艺

在服装不同部位，运用推、归、拔、压、起水等不同手法的熨烫，使服装更适合体型，整齐、美观。

推、归、拔主要是利用织物纤维的伸缩性能，通过热塑，适当改变织物的经纬组织，使之适合人体形态特点及人体活动要求的熨烫工艺。推、归、拔的熟练运用最能体现烫功的功底。

推，指使衣片高低起伏成立体状，符合体型；归，即归拢，将服装面料容易松宽处的长度缩短；拔，即拔开，把面料平面

红帮第六代传人江继明在车缝中

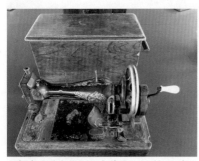

红帮裁缝早期使用胜家牌缝纫机（摄于荣昌祥服饰公司展示馆）

手摇缝纫机头（摄于宁波温故非遗展二十四回"衣锦"）

拉长。

如裤片股部按不同体型拔开，成裤后穿着适体。前胸中间要拔开，四周要归拢，形成胖圆型，后背脊也要拔成胖型，在袖笼处要归拢，两个背脊骨要推成胖型。整烫过程中还可以矫正和补救，如门襟、领角略有长短，止口或丝缕稍有不顺，缝子有稍微起壳、起吊等毛病可以在熨烫中用拔、归、窝等方法来解决。

另外，还要注意衣料的厚薄，例如轻薄的衣料熨烫时，讲究速度快，且不能多次熨烫。较厚的衣料部分，则需要放慢速度，确保效果。

4. 机功

"指缝纫机的操作水平，要求达到直、圆、不裂、不皱、不拱。"[1]缝制时针迹要清晰、齐整、顺直、剩势恰当,做出各种"势道"。

[叁] 精到的成衣标准

如何检验"四功"工艺和成衣的整体效果?红帮裁缝依托人体结构特点和审美需求,根据实践经验,用生动形象的语言,总结出精妙独到的成衣标准,形成"九势""十六字诀"口诀。

1. 造型"九势"

所谓"九势",即胁势、胖势、窝势、戤势、凹势、翘势、剩势、圆势、弯势。它们是红帮裁缝在西服制作过程中总结的9种人体不同部位的造型特点与标准,分别与人体的不同曲面相符。

"九势"与人体的不同曲面对应表

造型特点	对应的人体曲面例举
胁势	主要指衣片腰胁下前腰的凹面
胖势	主要指衣片胸部隆起的凸面
窝势	指衣片边缘部分向人体自然轻微卷曲的曲面,如止口、袋盖要有窝势,不向外翘
戤势	指袖子、背部等处的活动余量,如后背要有戤势,使两手活动方便,伸缩自如,犹如手风琴的风箱
凹势	主要指锁骨、后腰等处的凹面
翘势	主要指肩头翘起部分的空间量

[1] 陈万丰:《创业者的足迹 宁波红帮裁缝资料集》,第42页。

续表

造型特点	对应的人体曲面例举
剩势	指衣片的摆缝、袖笼、底缝等一侧的缝线余量缩拢后形成略微隆起的弧面，它使衣片的转折面更加自然、更加舒适。如肩头要有剩势
圆势	主要指袖笼山头饱满的圆弧造型，做到圆顺。帮口有一个比喻叫作"像汽车轮盘一样滚圆"，虽然夸张，但突出了圆势的要义
弯势	主要指袖片自然向前弯曲的弧度，袖子要做成有弯势

戤势：
后背袖夹两侧出现竖形褶，便于双手伸展。

圆势：
比如袖笼山头须做到圆顺。

剩势：
后肩吃势，指制衣过程中把后片肩吃进。

凹势：
前肩中间呈现内凹。

胖势：
前胸饱满服帖。

胁势：
收腰线条。

弯势：
袖子须做成向前弯，符合人体手臂形态。

窝势：
衣领、袋盖、背叉等内向弯。

翘势：
肩部外端、下摆略向上。

造型"九势"示例图（爱伊美集团供图）

2. 效果"十六字诀"

"十六字诀"，即平、服、顺、直、圆、戤、登、满、窝、薄、松、软、轻、挺、匀、活，是红帮裁缝总结的成衣效果标准，对应"九势"。

①平，指成衣平整度。具体要求成衣的面、里、衬平坦，门襟、背衩无起伏。

②服，指成衣的服帖度。总体上，衣服要符合人体尺寸的大小，还要符合人体各部位凹凸曲线，就如"橘子瓤与橘子皮"一样贴合，另外，衣服的面、里、衬头都要服帖，主要反映在肩头、后背、腰胁、胸部和臀部。

荣昌祥西服作品（摄于2021宁波时尚节）

③顺，指成衣与人体的吻合度。指成衣的缝子、各部位的线条，均与人的体型线条相吻合，如摆缝、袖缝、肩线等。如果线条忽松忽紧，就会造成不顺，这是靠操作中的剩势来体现的。

④直，指成衣的顺直度。成衣的各种直线，挺直、无弯曲，如袋盖、袋口、驳头、止口、后中缝线、腰摆缝线，给人干净利落的感觉。

⑤圆，指成衣圆顺度。成衣各部位的连接线都构成平滑的圆弧。主要反映在袖山头、止口下摆圆角、扣眼圆头。这是靠操作中做出的圆势来体现的。

⑥戤，指成衣宽舒度。为了使人穿着服装后活动方便，在成衣的主要活动部位如手臂、前胸、后背等处加放一定的宽松度。当人体静态直立时，前后袖笼呈现比较顺服的状态，形成漂亮的造型。这是靠操作中做出的戤势来体现的。

⑦登，指成衣的立体感。指成衣穿在人身上后，各部位的横线条（如胸围线、腰围线）均与地面平行，使衣服的重心线基本落在身体的重心线邻近。衣服相关部位能够"立得住"，如衣后袖、大身腋下，否则就会松松垮垮，如宁波俗语所称的"环襻头"。

⑧满，指成衣的饱满度，主要指成衣前胸部的丰满。饱满度做得好能发扬体型的长处，弥补体型的不足，这也是靠操作中做出胖势和胁势来体现的。

⑨窝，指成衣与人体之间的贴合度。指成衣的各边缘部位，如领头、止口、袋盖、背衩等向人体自然势的轻微卷曲，使服装的外形光滑、匀服，这就是窝势。

⑩薄，指成衣的舒适感。指成衣的止口、驳头等缝头层数较多的部位要做得薄，给人以飘逸、舒适的感觉。

⑪松，指成衣的松紧度。是指成衣不拉紧、不呆板、能给人一种活泼感。主要指三个方面，一是西服的领驳头不拉紧、不呆板，翻驳领与大身之间的内空间可以容下手指的厚度，当手指轻放其内层时，能自如地上下滑动；二是肩头要松，西服穿在人身

上时，没有"压肩头"的感觉；三是里子要松。整体能给人以活泼的动感。这是靠操作中做出的凹势和翘势来体现的。

⑫软，指成衣的手感与自然度。"软"是指成衣的衬头挺而不硬，有柔软之感。具体为成衣手感软，衬头不生硬、富有弹性，穿着后，动作方便，回弹力好，这主要表现在上衣的胸部和肩部。

⑬轻，指成衣的承压感，指穿着服装后，感觉到衣服重量较轻（并非指衣衫的自重量）。如穿着上衣时，主要重量是由肩部承担的，若受力点集中在外肩，则动作会不方便，感觉到衣服较重（俗称压肩头）。若受力中心在肩颈部，并分散在整个肩部，感觉则会较轻，且行动方便。这也是由在操作中做出的凹势和翘势来体现的。

⑭挺，指成衣的挺括度。成衣的各部位挺括，能充分体现面料的质感。挺要建立在轻和软的前提之下，挺、轻、软三效合一才是红帮裁缝追求的目标。

⑮匀，指成衣均匀度，指成衣面、里、衬要统一均匀，符合习惯和造型需要，不会给人此厚彼薄的感觉。如装垫肩的肩部等。

⑯活，指成衣的灵活度。是指成衣形成的各曲面、线条灵巧，活络，不给人以呆滞的感觉。

以上16字相互联系，统一在一件服装上，就能显示出红帮特色工艺的特点。女式服装还有镶色、嵌条、滚边、绣花等工艺特点，使女子服饰造型上更优美，有特色。

红帮工艺所追求的服饰艺术集中反映在"十六字诀"中，它揭示了西服与人体之间的一一对应关系，概括了西服外观每一条线和曲面与人体相对应的具体要求，如"服""顺""窝""松""轻""软"分别从视觉、触觉各方面体现了西服与人体之间的切合关系；"平""满""挺"塑造了庄重、严肃、强劲有力的男性形象；"活"字则将整件西服变得灵动、拟人化了。

在红帮的眼中，西服是有生命的，为穿着它的人增添了光辉，真正达到衣衬托人的效果，近乎"人衣合一"的境界。笔者曾于2011年采访一位在澳门的红帮裁缝再传弟子，他对红帮的精湛技艺有一个生动的评价——"红帮老师傅做出来的衣服是活的"。

红帮裁缝传承人成衣作品（奉化区非遗保护中心供图）

"十六字诀"是红帮裁缝用中国语言对西服艺术的诠释，由此作为红帮工艺的口诀而代代相传。

3. "四功""九势""十六字诀"的对应关系

在西服工艺向艺术美的转化过程中，主要就是依靠"四功"的运用，实现"九势"，从而达到"十六字诀"的成衣效果。

"十六字诀"与"九势""四功"相互对应关系例举

成衣效果	对应造型特点	工艺方法
服	胖势、肋势、凹势、弯势	烫功中的推、归、拔工艺
满	胖势	胸衬、打省
松	翘势	打省
软	胖势、窝势	手功：手缝复合各部分衬头；烫功
薄	窝势	减少止口缝头的层数和厚度
窝	窝势	附胸衬、附牵带、附挂面、滴拱针等
圆	窝势、剩势	附垫肩、抽缩袖山弧线（剩势）、加弹袖棉
平	剩势、胖势	处理好衬与面，里与面的关系（裁剪时，里子尺寸略放大；里子与面子不同的缝合方法）

以上 8 个字的成衣效果是红帮工艺中的精华，若每一工序都能精心完成，其他 8 个字也就会自然实现，如实现"满""服""平"，就会实现"顺""直""挺""匀"，实现"圆"，也就实现"戤"与"登"等等。

"九势"和"十六字诀"也是相互对应的关系，它们中的某些字直接对应，如"窝势"对应"窝"，"戤势"对应"戤"，"圆势"对应"圆"等。其他字之间为间接对应，"九势"中的某一个字可能会涉及16个字中的好几个字，如"胖势"会涉及"满""挺""服"等字，"剩势"涉及"圆""窝""顺"等字。因此，在制衣过程中"九势"塑造的成败直接关系到成衣中"十六字诀"是否能够完美体现。[1]"九势"是前提，"十六字诀"是目的。

红帮工艺是一个系统工程，红帮人在长期的实践中，又把九势、十六字诀归纳成通俗易懂的"十二句话"：

不紧不翘领头松，灵活美观驳头窝。

不搅不豁止口薄，轻软均匀肩头服。

胁势顺活底边圆，后身背衩垂直平。

前圆后登袖子活，前后戤势摆缝挺。

各道缝口线顺直，里外窝势针脚密。

胸部丰满规格准，穿着舒服动作便。

[肆]匠心独运的绝活

红帮裁缝技艺千锤百炼，不但造就了一批出类拔萃的顶尖人物，还练就了令人赞叹的绝活，诸如目测心算、特型矫正、以旧翻新等。

---

[1] 刘云华：《红帮裁缝研究》，第92页。

1. 目测心算

西服注重量体定制，即俗话所说的"量体裁衣"，这少不了测量人体相关部位的尺寸。但一些特殊人物，或因为特殊原因无法近身量体，怎么办？一些红帮传人掌握了以"目测心算"替代"量体裁衣"的绝技，解决了这个问题。

1956 年，党的"八大"期间，需要为毛主席制装。但出于安全考虑，规定不能近身量体，只能靠"目测"来解决问题，这对当事裁缝来说无疑是一个莫大的考验。

王庭淼、田阿桐等红帮裁缝，以目测方式，根据毛主席的体型，设计制作出了一套新的中山装。"毛式"中山装主要有三个特点：一是领子变化比较大。将上领襟加宽加大，领尖做特殊处理，衬托伟岸身材；二是垫肩加大加厚，两肩更加平整服帖；三是将上面两个秃而圆的兜盖改为扁而尖，使衣服更显出朝气和动感。

大气、高贵且别具东方文化韵味的"大尖领中山装"完成后，毛泽东对此十分满意，以后经常穿着这套中山装，出席重要场合，所以有了"毛式服装"的叫法。现在天安门城楼的毛主席像中所

原北京红都服装店经理余元芳复制的毛泽东中山装（宁波服装博物馆藏品）

穿中山装,以及毛主席去世后穿的中山装,都出自红帮裁缝之手。

"西服圣手"余元芳,几十年如一日的刻苦钻研,还练成了"目测量体"的绝活。

1964年的一天,为周恩来总理做了几次服装的余元芳,被周总理安排到中南海,目测来访的西哈努克亲王和妻子、王子的身材尺寸,随后为他们做大衣、西装。余元芳仔细观察后,过几天送来三套服装,西哈努克亲王及家人穿上后惊讶不已,拍手叫绝。

2. 特型矫正

人的体型与生俱来,大多数发育正常,但也有少数人因为先天或后天的原因,凸肚、挺胸、弓背、斜肩,裁缝业中称这些人为特殊体型。如何弥补特殊体型的缺陷,需要特殊的办法、超高的技艺。红帮人以匠心匠艺,为特殊人群带去了自信与快乐。

红帮裁缝后人刘天寿,曾讲述过这样两个故事[1]:第一个故事是养父刘顺财怎样为一个前鸡胸后罗锅的人做西装。20世纪二三十年代,哈尔滨经济发展很快,而第一次世界大战和俄国"十月革命"的爆发,让大批俄国人及欧洲各国的逃亡者特别是犹太人涌进了这座城市,到了三四十年代,哈尔滨一度被称作"东方莫斯科""东方小巴黎"。刘天寿的养父刘顺财,14岁从奉化南渡村闯关东在哈尔滨道外张丰记一家服装店当学徒,后在毗邻中央大街的

[1] 2017年11月采录于浙江纺织服装职业技术学院。

西十道街 16 号开设华泰西服店。西服店主要承接男士西装、中山装和男式单棉大衣的制作。当时有一位犹太人医生，在中央大街开了个诊所，1953 年要去加拿大，去了几家西服店做衣服都被婉拒。刘顺财接待了他。医生驼背后，身高不足一米六，身体还微胖，而穿西服下摆要前后整齐。怎么办呢？当时，刘顺财主要在裁剪上做了大胆的处理，剪后身幅面时，在驼峰处作了一个技术处理：用左手将布料抓起一定高度（宁波话"逮一把"），右手持粉笔按原尺寸画下去，剪成料，摊开看很不成样子。前胸面料也呈抛物线形状裁剪。后来，在试了三次后，顾客兴奋不已，连连致谢！另一个故事是为一个大汉做裤子。当时刘顺财有一个邻居，山东大汉，身高一米七五，体重 100 千克。临近春节拿来一块进口人字呢面料，说是走了几家店均未收活，该人裤长 3.1 尺，裤腰竟有 3.6 尺，面幅 2.2 尺，你说这裤子怎么做？人字呢，条纹还要配得好看。可是在刘顺财手里通过横裆打双叉的方法解决了难题。穿上裤子后，这位山东大汉连连称谢，说是从来没穿过这么舒适的裤子！

被称为"跨国裁缝"的陈陛曙，鄞县茅山走马塘人，早在 20世纪 20 年代就在哈尔滨秋林公司服装部与俄国老板打交道，日以继夜，勤学苦练，掌握了"罗松派"西服的全套技艺，名闻哈尔滨。1946 年东北解放后，他曾为一名俄国驻哈尔滨领事馆的副领事解决了穿衣难题。这位副领事是个驼背，几次做衣服，后身吊起，都

戴祖贻（2010年12月摄于上海）

戴祖贻讲究西服的毛壳、光壳试样，这是他在为美国高尔夫球王制装

不成功。陈陛曙运用手中绝活，经过巧妙剪裁，完成了一件两面能穿、态势自然的风衣，取衣那天，副领事穿在身上，赞不绝口。

日本培罗蒙经理戴祖贻，曾为日本、韩国、美国等国的皇室成员、政要高官、财阀名流、文体明星，制作了令他们称心如意的服装，直至他八九十岁，老客户仍念念不忘恳求他继续服务。他曾用"斜肩"的手法，为耸肩的韩国三星物产创始人李秉喆创作可修饰体型的衣服，从此，两人成为好友。李秉喆还曾把在香港定制的9套衣服全部带到日本，叫戴祖贻修改[1]。

3. 以旧翻新

20世纪五六十年代，市场物资比较匮乏，做衣服买布要钞票和布票，服装业不大景气。政府号召厉行节约，反对铺张浪费，要修

[1] 内容来源于2010年12月23日，红帮文化研究所研究人员与戴祖贻访谈内容。

旧利废，精打细算。服装界掀起了以旧翻新的浪潮，从上海到宁波等城市的红帮裁缝高手们，顺应时代之需，献计献策，万众瞩目的焦点是把长衫改成中山装，做到物尽其用。老底子，做一件大襟长衫，要用布料一丈四尺，这与做一套中山装的用料差不多。虽然料子差不多，

20世纪60年代的杨鹏云

但是改成一套衣、裤分离，立领，开四个口袋的中山装并非易事。

红帮人杨鹏云解决了这个难题并向群众推广。

杨鹏云，1917 年出生在奉化西坞镇杨家碶头村，开蒙于村校，少年时辗转至上海学艺，1953 年进入宁波市第三服装生产合作社做技术工作。上级领导了解杨鹏云的智慧和能力，了解他在上海时已经钻研这方面技术，吩咐他进一步开动脑筋，梳理出通俗易懂的排料图，也就是全套样板进行推广。

长衫除了里襟、领子和罩袖外，前身、后身及两只袖子都是整块的，面对这样的难题，杨鹏云想得细、做得实，反复排料，经过不知多少次的调整、比较、修改，终于得出了"多重套裁，细微织补"的要领。这种排料，如按图索骥、对号入座似的，由难入易。推广时，宁波市手工业局多次组织裁缝学习班，请杨鹏云上课示范，依托排料图和扣子织补方法，长衫改中山装迅速在宁波推广开来，后杨鹏云还接受杭州市手工业管理局邀请，赴杭州讲课。

三、历史贡献

红帮有哪些贡献？本章主要从三件衣服改制立新、为当代服装产业赋能、奠定服装科教基础三个方面论述了红帮的历史性贡献。

三、历史贡献

　　在中国服饰发展的进程中，红帮裁缝作出了不可估量的贡献。红帮的贡献，主要可以从两个时期来看。一是在近现代服装史中的贡献，二是对当代服装产业的贡献。红帮裁缝在中国近现代服制改革史上树立了具有革命意义的里程碑，有不可替代的历史地位；在新的历史时期，红帮继往开来，助推红帮故乡——宁波服装业腾飞，写下了辉煌新篇章。同时，红帮还为中国现当代服装科研与服装职业教育奠定了基础。

[壹] 三件衣服改制立新

　　红帮裁缝参与了中国近代服制改革，在颠覆旧服制的征程中成了先锋队伍。这种贡献可以用三件衣服来展现：洋为中用，改制西服；化洋为中，创制国服；融贯中西，改良旗袍。

1. 引进、改造西装，为革命先驱制作第一套国产西服

　　西服，广义指西式服装，是相对于"中式服装"而言的欧系服装，起源于17世纪的欧洲，拥有深厚的文化内涵。引进西服是变革大事，采用西服是服饰改革的重要举措。

　　红帮裁缝率先学习、引进西服制作技术，并改革西服，融入

本土化特征，全面推进服装改革。红帮人针对中国人的形体特征对西服工艺进行改良，如针对中国人肩稍薄等特征，肩部翘势处理相对较小，并吸取"罗松派""英美派""日本派"等特点，创造了"海派西服"，使之成为中国近现代服装的主导款式。"海派西服"凝聚了红帮裁缝的智慧和才能，是一项成功的设计。它根据客户的经济承受能力，在面料和制作工艺上分高、中、低三个价位，选货顶真、价格低廉、出品精美、有口皆碑，逐渐成为市场的抢手货。[1]

红帮名店王荣泰洋服店，还在中国的城市里，用中国的面料为中国革命的先驱者之一徐锡麟制作了一套西服，被后来人誉为

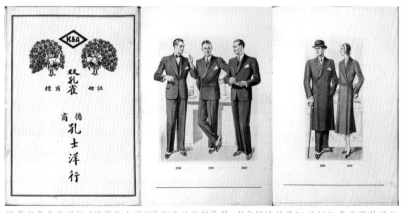

这是当年在华洋行"德商孔士洋行"印发的内部资料，书中描绘的是20世纪30年代海外流行的西服款式。红帮裁缝早年曾参考这些西服式样来缝制，这本资料是研究我国引进西服的历史依据（宁波服装博物馆藏品）

[1]陈万丰：《创业者的足迹 宁波红帮裁缝资料集》，第42页。

红帮名店协锠锦记20世纪30年代末制作的儿童西装（宁波服装博物馆藏品）

红帮"第一套西服"。

王睿谟于1891从日本学艺回国，带其子王才运到上海做"包袱裁缝"，1900年创办王荣泰洋服店。

徐锡麟（1873—1907），字伯荪，浙江绍兴人。1904年加入光复会，以后成为该会的重要领导人。徐锡麟曾于1903年以参观大阪博览会名义赴日本，与陶成章、龚宝铨积极参加营救因反清入狱的章炳麟的活动。一日，徐锡麟在大阪因修补西服，遇到在日本学习西服工艺的王睿谟，

"荣昌祥"西服（1942）（宁波服装博物馆藏品）

在异国碰到同省人自然分外亲切，一来二往二人就比较熟悉了。次年，徐锡麟知王睿谟回国后在上海开设了一家王荣泰西服店，便专程赶到上海定制西服。徐锡麟是位爱国主义者，他不买英国产的马克呢，而是挑中国人自己织的哔叽布请王睿谟做西服。王睿谟花了三天三夜时间，为他赶制了一套全部用手工一针一线缝制的西装。中国第一套国产西装，就这样诞生了。[1]

红帮裁缝凭借先进的西服缝制技术为西服的引进和西服的中国化立下了汗马功劳。

2. 定型、推广中山装

（1）对中山装的定型与大规模推广起到了决定性的作用

从目前的文献资料看，毫无疑问，宁波红帮裁缝对中山装的定型与大规模推广起到了决定性的作用。

2009 年，宁波服装博物馆研究人员在上海图书馆找到了 1927 年 3 月 26 日、3 月 30 日的《民国日报》。90 多年前的这份报纸头版刊登了两则广告，其中一则是荣昌祥号广告：

> 民众必备中山装衣服。式样准确，取价特廉。孙中山先生生前在小号定制服装，颇蒙赞许。敝号即以此式样为标准。兹国民革命军抵沪，敝号为提倡服装起见，定价特别低廉。如荷惠定，谨当竭诚欢迎。

[1] 吕国荣：《宁波服装史话》，宁波出版社，1997 年，第 38 页。

从 3 月 26 日起，荣昌祥这则广告连登三天。

另一则是 3 月 30 日，由王顺泰西装号刊载的广告：

> 中山先生遗嘱与服装。革命尚未成功，同志仍须努力，乃总理遗嘱也。至于中山先生之服装，则其式样如何，实亦吾同志所应注意者。前者小号幸蒙中山先生之命，委制服装，深荷嘉奖。敝号爰即取为标准，以供民众准备。式样准确，定价低廉。倘蒙惠临定制，谨当竭诚欢迎。

两家服装店在报纸上做的广告（宁波服装博物馆提供）

广告中传递的信息表明，这两家服装店都为孙中山生前制作过服装，并得到了中山先生的"嘉奖"和"赞许"，而且"式样准确"，难能可贵的是他们"为提倡服装起见"，"定价低廉"。不难看出，中山装是在上海的宁波红帮西装店定型并由红帮裁缝积极推广的。孙中山先生在 20 世纪 20 年代经常居住上海，去沪上老字号定制服装完全可能，而荣昌祥是由宁波奉化人王才运于1910年在上海南京路西口开设。

据笔者分析，以上两则广告指向实为同一个事件，即荣昌祥制作中山装一事，因为王顺泰号是由王辅庆于1926年从荣昌祥分立出来的（孙中山先生逝世于1925年3月12日）。

红帮老人以及后人口述亦可与历史资料相印证——根据荣昌祥后人王汝珍昕父亲王宏卿讲述，中山装就是由上海红帮名店荣昌祥改进完成的。20世纪初，孙中山先生拿一件日本士官服来到荣昌祥，要求将这件衣服改为具有中国传统服装特色的款式。此项业务的接待、款式的设计直到最后的缝制工作，都是由老板王

荣昌祥西服店（资料图片）

荣昌祥第三代传人王汝珍（资料图片）

才运和业务经理王宏卿主要参与完成的，他们将日本士官服原来的立领改为翻领，长方形袋盖改为笔架形，并加上四个立体贴袋，袖口扣子由 5 粒改为 3 粒。孙中山先生看到修改完成后的服装非常满意，而后中山装逐渐风靡全国。

同样，南京李顺昌店"经营西服和中山装，尤以中山装颇享商誉"，而且因蒋介石在该店定制中山装更加声名显赫。[1] 该店的创始人李来义，是宁波奉化李阁师桥人。

中山装的推广、流行，代表着服装平等化观念的出现，是中国服装发展史上一场具有重大影响的运动。中山装昭示了时代风貌，彰显了民族特征，其不仅是爱国、进步、文明的象征，更是继承孙中山遗志的象征。

中山装记录了百年历史，承载着民族情感，承载着中国文化。

2011 年，为纪念辛亥革命 100 周年，由红帮裁缝第六代传人江继明带领浙江纺织服装职业技术学院服装、包装设计等专业学

[1] 王淑华：《忆南京李顺昌服装店》，载《江苏文史资料集粹》（经济卷），江苏文史资料编辑部，第 224—226 页。

生，制作特大中山装，以表达红帮裁缝与辛亥革命的不解之缘，展示红帮裁缝在百年革命中的文化功绩。

巨型中山装（王国海摄）

这件特大中山装尺寸，由孙中山先生所穿衣服尺寸放大 6 倍。具体为衣长 4.32 米，胸围 6.48 米，肩宽 2.70 米，袖长 3.54 米，领围 2.52 米，纽扣直径 0.12 米。整件服装用料 60 米，体积约 12 立方米，重量 40 千克，连同模型底盘的总高度超过 5 米、总重量约 150 千克。数据取 6 倍，主要表达第 6 代传人的心愿以及红帮精神代代传承的愿景。

（2）为军队制作军服

由于孙中山的提倡，加上其简便、美观、实用，辛亥革命后，中山装随即在全国流行，革命军军服乃至后来的八路军、新四军、中国人民解放军的军装大抵是中山装或从中山装变化而来。

对制作推广过中山装的红帮裁缝来说，制作军服驾轻就熟。在红帮裁缝业内做军服成了一项工种，称"大帮裁缝"。

南京庆丰和西服店曾按时高质量完成大批量国民革命军军服，

受到了孙中山的接见。

庆丰和创办人史久华是鄞县王家湾人，14 岁只身离乡到上海学裁缝，17 岁满师后到南京开办庆丰和西服店。1912 年中华民国临时政府成立。史久华怀着一颗拥护革命的赤诚之心，承接了民国临时政府的大量制服业务[1]，史久华的孙子史东海在 1999 年参观宁波服装博物馆时，说起祖父近百年前的往事，感叹不已。

"二十世纪上叶，上海红帮裁缝名店荣昌祥和培罗蒙等也为蒋介石为首的国民政府要员做过一大批中山服和军服。"[2] 培罗蒙创始人许达昌的得意门生戴祖贻就亲自为一些政府要员量身，为此经常往来于上海和南京之间。

抗日战争期间，红帮裁缝不遗余力为抗战做贡献。抗日战争爆发后，荣昌祥参与组织生产军服及军需用品支援抗战，王宏卿、周永升等人于 1937 年在武汉创办了军用被服厂——华商被服厂，专门生产前线军需用品。从上海到武汉、重庆、昆明、香港，再返回湖南，转战千里，

仅存的王喜卿生前照片（王淑浦文化礼堂供图）

[1] 季学源、陈万丰：《红帮服装史》，宁波出版社，2003 年，第 140 页。

[2] 内容来源于 2010 年 12 月 23 日戴祖贻访谈内容。

红帮裁缝为新四军制作军服的浙东余姚冠佩村工场旧址

新四军战士们穿上红帮裁缝制作的新军服（图源《追寻红帮的历史足迹》）

凭职工的双肩，将服装厂整体搬迁。抗战中，华商被服厂成了日军轰炸的重要目标，王宏卿的亲弟弟王喜卿坚守被服厂仓库，不幸被炸牺牲，年仅 29 岁。

哈尔滨军服厂的广大工人日以继夜，赶制冬装，支援前线（资料集《追寻红帮的历史足迹》）

红帮裁缝还支持和参与了浙东四明山根据地的四明被服厂，该厂后来不断扩大，成为新四军一个后勤部，屡建奇功。

1946年，哈尔滨解放，红帮裁缝陈宗瑜子承父业接班担任义昌的经理。"1948年，人民解放军挥师南下时，以陈宗瑜为主任委员的哈市缝纫业同业公会响应政府号召，组成军需被服厂和工联被服厂，苦战5个月，制作棉大衣39.3万件，棉军服29.9万件，有力地支援了解放战争。"[1]

3. 改良旗袍

中国传统服装文化属于"一元文化"的范畴，具有大一统观念，即人们的衣着习惯于不突出个性；服装造型上重视二维空间效果，在结构上采取平面的直线裁剪法；总体剪裁十分宽松。女性服装上有更突出的表现，正如现代作家张爱玲所说"只见衣服不见人"。

"旗人之袍"原本指满族妇女一种又长又宽的袍子，其服体宽大，无法展示女性的形体特征。

辛亥革命成了旗袍革新的转折点，从此旗袍进入了立体造型时代，经历了一个持续改良的过程。改良旗袍的要旨在于：西式裁剪、中装式样。

在改良旗袍的过程中，具有精湛西式服装技艺和先进服装文

[1] 陈万丰：《红帮裁缝在东三省的拓展》，载《宁波通讯》，2001年第10期。

化素养的红帮裁缝，特别是从事女式西服的"女式红帮裁缝"凭借得天独厚的优势，在各大城市如上海等，带领许多民间中青年女性不断改进旗袍。

特别是从中华民国政府将改良旗袍定为中国女性礼服以后，也即从 20 世纪 20 年代以后，裁缝业对旗袍的领、袖、边、长、宽、衩等进行改造，尤其是对领子和袖子的创新，层出不穷，正如张爱玲在《更衣记》中所描写的："近年来最重要的变化是衣袖的废除（那似乎是极其危险的工作，小心翼翼地，费了二十年的工夫方才完全剪去）。同时衣领矮了，袍身短了，装饰性质的镶滚也免了，改用盘花纽扣来代替，不久连纽扣也被捐弃了，改用攒纽。"

红帮名店鸿翔西服公司，于 1917 年由金鸿翔创设，开始了"中衣洋化"的改革。金毛团（金鸿翔小名）借鉴西服工艺改革中国旗袍。据后人金泰钧所述，鸿翔对旗袍的改良主要经过 3 个阶段：20 世纪 20 年代初，改变主要为轮廓线上的变化，如袖口逐渐缩小，腰身的外轮廓线略向内收；1925 年左右，开始出现结构上的变化，如在腋下加胸省，使胸部呈现出立体感；20 世纪三四十年代加腰省，并改变袖部结构，由中式连袖改为西式装袖，旗袍变为三维的合身的服装，与身体的服帖度更大。

旗袍是宋庆龄最喜欢的服装之一，宋庆龄尤其喜欢鸿翔做的旗袍。1932 年 3 月 8 日，宋庆龄在庆祝三八妇女节发表演说时，

称赞金鸿翔"开革新之先河,符合妇女要求解放之新潮流";据上海档案信息网:宋庆龄居住在上海时,金鸿翔派技师上门量体裁衣,她对鸿翔开创中国女装的努力亲切勉励,1935年亲笔为鸿翔题写匾额:"推陈出新,妙手天成。国货精华,经济干城。"金鸿翔与宋庆龄保持了40多年的友谊,改良旗袍也在此过程中成为引领中国民众服装潮流的新时尚。

"解放后(1956年红都公司搬北京之前),刘少奇夫人王光美、陈毅夫人张茜等则曾在上海朋街服饰公司定制旗袍,作为出国礼服。"[1]

20世纪30年代黄绸缎提花短袖旗袍
(奉化博物馆藏品)

1949年后旗袍流行的动源渐微,然而其传统并未销声匿迹。上海红帮师傅的旗袍在台湾影响也很广,2010年8月,本书第一作者访问台湾实践大学服装系时,该系章以庆教授回忆说,她母亲最高兴的事就是到台北恒洋路"上海师傅"那里订制旗袍。

改良旗袍以简洁的线条完美地表达人体曲线的造型艺术,深

[1] 2011年4月12日红都第6代传人江继明访谈内容。

红帮传承人王小方制作的旗袍（2020年9月摄于宁波文博会）　　民国女童红绸中袖旗袍（奉化博物馆藏品）

深地吸引着中国妇女，成为女性解放的重要表征，是中国女性服饰文化的代表。时至今日，它仍然是世界公认的东方女子的典型服装。

红帮裁缝的改良旗袍运动推动了女性服饰文化的发展，推动了辛亥革命的服制变革向纵深发展，推动了女性解放。正如宋庆龄所认为的，中国妇女的解放是整个民族解放中不可分离的、不可或缺的一部分。

［贰］为当代服装产业赋能

红帮对当代服装产业的贡献表现在两个方面：一是打造新中

国服装形象；二是助力服装产业腾飞。

1. 20 世纪 50 年代，打造新中国服装形象

1956 年春天，为了提升新中国首都服装业的整体水平，同时满足新中国外事工作，由周恩来总理亲自提议，上海市的 20 多家红帮名店集体迁京，其中 12 名红帮名师进入中南海，为党中央和国家机关干部制装。其后，又由迁京的一些红帮名店组建了北京红都服装公司。这个高新平台为创建中国服装新形象立下了多方面的功勋。他们以高超技艺为领导人制装，为北京人民服务，而且成为"中国外交官的第一衣橱"，当时，中国外交官既穿中山装，

迁京后的造寸时装店

迁京后的万国服装店　　　　　　红都服装公司

也穿西装，但以中山装为主。20世纪60年代后到改革开放前，中山装成唯一的正式服装。

同时，红都也为许多来华访问的外国领导人、友好人士和新

红都名师楼景康为阿沛·阿旺晋美制作的中山装（宁波服装博物馆藏品）

余元芳在周恩来像前讲述为总理制作中山服的情景

闻记者等制装，传播新中国服饰文化。

亚洲、非洲、南美洲和欧洲多国元首，都以穿红都制作的中山装为荣。其他许多来华访问的官员、友好人士，也慕名而至红都订制中山装。他们穿上中山装参加各种重要活动，并将中山装带回国，作为珍贵的纪念品收藏。

2.助力宁波服装业腾飞

20 世纪 80 年代前后，红帮裁缝通过传技术、帮搭桥、带徒弟，帮助宁波服装业实现腾飞。这个过程，可以用三个字来概括——传、帮、带。

十一届三中全会后，红帮人及其传人适时抓住历史机遇，创造了宁波服装的新辉煌。

　　江辅丰老先生在《从"和昌号"到"培罗蒙"》[1]当中的记述，很好还原了老红帮在家乡宁波服装业发展初期的扶持帮助。20 世纪 80 年代，西服盛行，红帮名店培罗蒙的西服供不应求，于是，经营者想到了去宁波办厂：

　　　　上海的许多红帮师傅都来自宁波，只有到宁波合作办厂，才能满足市场需求。经再次请示领导部门，这条合乎情理的建议终于被采纳，培罗蒙西服公司就与奉化江口新桥下村合作，筹建了"培蒙西服厂"，接着，又与江口前江村合办"前江服装厂"，这两家厂间隔 2 公里，在生产业务上我们作了一定分工，"培蒙"定位以做西服为主，"前江"以做大衣为主。不久，为了紧跟服装市场的前进步伐，我们又与江口盛家村办了"盛家西服厂"，三家服装厂齐头并进，一批又一批服装成品源源不绝运往上海。虽然合作厂热情高涨，一张张定单都按时完成，但是每天生产的毛料西服和大衣，还是满足不了消费观念改变后顾客排队购买西服的要求。以后，又发展了一家江口"徒家西服厂"，紧接着江口镇建立了镇办"罗蒙西服厂"。这样，上海"培罗蒙"派生了江口镇"罗蒙"，并与"罗蒙"密切协作，生产领域的拓展，大大稳定了培罗蒙公司的市场供应。

[1] 陈万丰：《创业者的足迹　宁波红帮裁缝资料集》，第78—79页。

图3-20 1991年9月奉化首届服装节现场照片 图3-21 奉化服装展馆（奉化区非遗保护
（奉化区非遗保护中心供图） 中心供图）

> 为了进一步促进西服业的增长，"培罗蒙"规定凡本公司
> 退休师傅，如果身体许可，还要发挥余热，可以到合作厂去，
> 当辅导老师。这一规定出台，立刻得到了退休师傅的拥护，
> 他们大多是宁波人。

20世纪七八十年代，仅奉化一地，就聘请了200余名上海红帮师傅，为奉化服装大发展奠定了坚实的基础，造就了罗蒙、爱建、爱伊美、金海乐、步云等一大批服装明星企业。

20世纪90年代以后是宁波服装业的展翅腾飞期，涌现出"杉杉""雅戈尔""罗蒙"等一批全国著名的服装企业，于是宁波有了"四张名片"（宁波帮、宁波港、宁波景、宁波装）之说，服装成为宁波的特征之一。

1997年8月，宁波奉化被国务院经济发展研究中心命名为"中国服装之乡"。

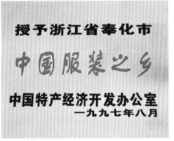 

奉化被评为中国服装之乡（奉化区非遗保护中心供图）　奉化被评为国家外贸转型升级基地（纺织服装）（奉化区非遗保护中心供图）

到 20 世纪末，宁波地区的服装企业已发展到近 2000 家，到 21 世纪前 10 年，已发展到近 3000 家。中国服装协会 2004 年对全国服装行业的利润总额和产品销售收入作了调查统计，在这种"双百强"企业排名中，宁波服装企业分别占有 10 席和 8 席，数量位居全国第一。进入"双十强"行列的，宁波有 3 家：雅戈尔集团股份有限公司、杉杉集团有限公司、罗蒙集团股份有限公司。这一年全市年产服装能力为 1.3 亿余件，占全国服装总产量的 12%。

"十五"期间，宁波服装产业在 5 个方面居全国前茅：服装生产规模、品牌建设、国际品牌经营、政府对服装企业重视和推动作用、服装企业对区域经济的拉动与劳动力就业的贡献。

1997 年 10 月，宁波首届国际服装节亮丽登场，服装展位达 450 多个，与会客商达 241 余家，外商达 108 家。其后，每年 10 月举行一次，各有新内容、新形式、新立意。服装节于 2019 年全

新提升为宁波时尚节，在第二届宁波国际服装节中，开幕晚会由
《红帮故事》领起。

随着第一届国际服装节的举行，1997 年，宁波服装博物馆顺
利筹建。这是我国第一家服装专题博物馆，经过不断充实、调整、
提升，已于 21 世纪初建成了以中国近现代服饰为主、以红帮裁缝
史实为镇馆之宝的服装博物馆。

1999 年，宁波第一所服装高等学府——宁波服装职业技术学
院在红帮故乡隆重奠基。从诞生的第一天起，这所服装学院就高
举红帮旗帜，以"红帮传人"自许、自励、自律；这个学院为宁
波和中国服装事业的发展、创新，培养具有服装科学技术和文化
素养的高级实用型人才，为研究、总结、传承、发扬红帮精神，
开辟了一条川流不息的渠道。

21 世纪，红帮传人把红帮理念发展到了一个新的高度，把红
帮事业推向了一个新的进程。宁波服装业目前拥有 20 个中国名牌、
25 个中国驰名商标，已经形成以西服、衬衫为龙头的庞大服装产
业集群，宁波成为中国服装最大的制造基地和出口城市。

宁波服装业的这些"第一"，这些原创性的成果始终与红帮有
着直接、密切、实在的关系。

上海是红帮的创业基地，从这里回来反哺故乡宁波服装企业
的几代红帮人，谁也说不清有多少。有的一个人就帮助故乡的几

家服装厂创业。以老牌红帮名家上海培罗蒙为例，改革开放以后，主动选送老师傅反哺故乡，奉化江口镇的培蒙西服厂、前江服装厂、盛家西服厂、徒家西服厂等等，都是在上海培罗蒙"传帮带"下创办起来的。

　　以宁波几家著名服装企业为例，他们无不是红帮精神的延续。是红帮精神哺育了他们，没有红帮人在精神、物质、科技、文化等各方面的支持、鼓励、帮助，就没有它们的顺利诞生、迅速发展和卓越成就。

红帮老人助推宁波服装企业例举

企业	起步时间	红帮前辈	助推方式	成效	备注
罗蒙	1984年	余元芳、陆成法、董龙清、孙富昌	技术指导，代销、联营等	提升企业档次、争创驰名商标	陆成法倾心扶持"罗蒙"长达10年之久
雅戈尔		王良然、夏国定、柴建明	技术支持		今天，仍有红帮老师傅在"雅戈尔"作贡献
杉杉		陈菊堂、李峰、孙富昌	技术、质量把关，订购	1996年成功上市，成为我国服装企业第一家上市公司	

企业	起步时间	红帮前辈	助推方式	成效	备注
培罗成	1984年	陆成法、陆梅堂、陆宝荣	技术把关搭桥，为上海培罗蒙加工西服	1995年培罗成集团有限公司宣告成立；2003年，培罗成西服被评为中国名牌产品和国家免检产品	企业以"承传红帮技艺，做新一代红帮人"为目标

  红帮前辈以各种形式支持和帮助家乡的服装产业。以红帮科技功臣陈康标为例，他是奉化跸驻乡三石村人，从事服装业50多年，为"百名业内风云人物"之一。退休回乡后，十分关心故乡服装现代化，走南闯北，为服装业创新建言献策。宁波的雅戈尔、杉杉、罗蒙都曾多次得到他的技术指导。他经常到这些服装企业走走看看，在新产品开发、提高产品质量方面，贡献尤多。在他的帮助下，杉杉和宜科科技实业公司，首先在全国通过ISO9001质量体系论证，领到了"国际通行证"。所以，服装界称他为修行高深的"老法师"。他和其他老红帮人一样，反哺故乡，不求名，不求利，不邀功，不请赏。高风亮节，令人敬佩。

  20世纪90年代，余元芳接受家乡邀请，多次来奉化指导服装制作技艺。1991年9月，首届奉化服装节期间，余元芳正式收罗蒙西服厂的俞小莉、华中西服厂的沈小飞、金海乐制衣公司的杨贤方、爱伊美西服有限公司的何亚萍、奉化第八服装厂的葛亚

"西服状元"陆成法20世纪90年代到罗蒙公司指导工作（陈万丰供图）

2005年红都名师戴祖贻在雅戈尔考察指导（陈万丰供图）

1991年9月奉化首届服装节上余元芳的收徒仪式（奉化档案局）

萍五人为徒，传授服装制作要领。1998 年 3 月，任奉化市服装商会顾问。

我们可以从宁波一些服装企业的名字中，看出老红帮人的身影，比如从罗蒙、培罗成身上，我们可以看到红帮名店培罗蒙的影子。因为红帮名师陆成法的帮助，才有了培罗成的今天，培罗成当中的"成"字，是陆成法的"成"，这是企业对老红帮人的传承与感恩。

[叁] 奠定服装科教基础

1.注重服装科研

服装行业的兴盛，必然促使服装文化的兴盛。红帮人十分注意积累实践经验，并适时地将这些经验转化为理论。从 20 世纪 30 年代初，红帮一代宗师顾天云先生写出了《西服裁剪指南》之后，红帮人对服装科技和服装文化的研究，便形成优良传统，参与人数多、时间久、成果多，可谓人才辈出，硕果累累。

红帮人的服装科研活动与成果从下面两个表格可见一斑。

红帮科研活动与成果简表

研究者	时间	成果（种）	备注
顾天云	20世纪30年代	《西服裁剪指南》	第一部服装研究专著
林丞苞	20世纪30—40年代	5种	
王圭璋	20世纪50年代	8种	

续表

王庆和	20世纪50—60年代	13种	
胡天沛	20世纪50—70年代	5种	
戴永甫	20世纪50—80年代	24种	
江继明	20世纪50—70年代	6种	
包昌法	20世纪50年代—21世纪初期	40多种	

注：拥有1—3种专著的红帮人还有很多，目前尚无系统统计，上表根据季学源等《红帮裁缝评传》整理

红帮科研活动与成果简表

序号	书名	作者	出版时间	出版社
1	西服裁剪指南	顾天云	1933年10月	
2	最新服装裁剪法	沈仁沛	1952年4月	
3	永甫裁剪法	戴永甫	1952年8月	
4	服装合理裁配法	戴永甫	1955年9月	四联出版社
5	缝纫机学习讲话	包昌法	1952年	正文书局
6	怎样学习裁剪	戴永甫	1956年2月	四联出版社
7	服装刺绣针法与图案	包昌法、杨艾强、田忠达、江宏鸣	1980年9月	安徽科学技术出版社
8	服装省料法	包昌法	1980年10月	轻工业出版社
9	巧用边角衣料	包昌法	1981年2月	轻工业出版社
10	裁剪与缝纫	孙熊、王炳荣、孙星龙、江继明	1981年4月	上海科学技术出版社

续表

序号	书名	作者	出版时间	出版社
11	挑花技法与图案	张愉、江宏鸣、杨艾强、包昌法	1982年	安徽科学技术出版社
12	女式春秋上衣	戴永甫、包昌法	1982年1月	浙江科学技术出版社
13	新型童装裁缝图解	戴永甫、包昌法	1982年10月	安徽科学技术出版社
14	服装裁缝工艺集锦	包昌法	1982年10月	浙江人民出版社
15	服装裁剪新法——D式裁剪	戴永甫	1984年1月	安徽科学出版社
16	裁剪缝纫200问	包昌法	1984年4月	辽宁科学技术出版社
17	时装缝纫要领	包昌法	1984年6月	安徽科学技术出版社
18	服装缝纫裁剪自学丛书——背心	戴永甫、包昌法	1984年8月	轻工业出版社
19	服装缝纫裁剪自学丛书——风衣	戴永甫、包昌法	1984年9月	轻工业出版社
20	简易童装	包昌法	1985年3月	天津人民出版社
21	男西装缝制与毛病修正	武信德、邬金宝、唐中华合编	1985年5月	轻工业出版社
22	西装的扎壳、试样与缝制	戴永甫、陈明栋	1986年6月	安徽科学技术出版社
23	服装知识漫谈	包昌法	1986年12月	轻工业出版社

续表

序号	书名	作者	出版时间	出版社
24	穿着艺术	包昌法	1987年3月	安徽科学技术出版社
25	家居便装	包昌法、顾惠生	1987年	上海文化出版社
26	新潮时装500款	连伟、包昌法	1988年1月	安徽科学技术出版社
27	新婚礼服100例	包昌法、顾惠生	1988年7月	辽宁科学技术出版社
28	时装构成与裁制技巧	包昌法	1988年11月	纺织工业出版社
29	情侣装	顾惠生、包昌法	1990年11月	安徽科学技术出版社
30	中高档服装缝制工艺	苗瑞增	1989年10月	经济管理出版社
31	男子汉服装及穿着艺术	包昌法等	1990年5月	黄山书社
32	服装品质检验手册	苗瑞增	1993年10月	中国轻工业出版社
33	服装裁缝全书	包昌法、娄明朗、顾惠生	1994年10月	天津科技出版社
34	服装量裁缝烫技艺图解手册	包昌法	1995年3月	中国纺织出版社
35	服装缝纫基础与工艺技法	包昌法、须黎明	1997年11月	上海科学技术出版社
36	服装学概论	包昌法	1998年2月	中国纺织出版社

续表

序号	书名	作者	出版时间	出版社
37	服装缝纫工艺	包昌法	1998年12月	中国纺织出版社
38	服装缝纫工艺基础与缝纫机使用	包昌法	2000年12月	中国纺织大学出版社
39	服装设计与工艺自学导论	冯翼、刘予、包昌法	2000年12月	中国纺织大学出版社
40	服装设计理念	包昌法、须黎明	2001年10月	上海科学技术文献出版社
41	服装折纸打样法	江继明	2007年10月	东华大学出版社

在不同时期，红帮人在科研活动中涌现出一些代表性人物与标志性成果，择要例举如下。

（1）顾天云与《西服裁剪指南》

顾天云（资料图片）

顾天云是中国服装研究的开创者，1933年写成的《西服裁剪指南》是其多年西服缝制生涯和在日本、欧洲考察体会的总结，正如他在序中所说"本平生之经验"。

该著作共分11章。前8章分门别类地介绍各式西服的裁剪工艺。第九章为"修正法"，在第十章"欧美服装法"中，对西服在夜间宴会、观剧、舞会、结婚、晚餐、访问等场合中的穿着，作了详细的介绍。最后一章是"西服商初级英语会话"，此章分单语类、饭店用语、船上

中国第一部西服理论著作《西服裁剪指南》（资料图片）

用语、女成衣部、男成衣部和访问用语6方面进行讲解，帮助读者掌握常用的英语会话。

《西服裁剪指南》是中国第一部西服专著，它将"红帮"技艺从经验上升到理论，成为我国西服业发展中一个划时代的里程碑，当时即被人们誉为"革新之准"。《西服裁剪指南》不但为红帮这个裁缝群体获得了科学文化理论的支撑，且从此以后红帮形成了注重科学研究的优良传统。

（2）戴永甫与《服装裁剪新法——D式裁剪》

戴永甫最重要的成就是"D式裁剪法"的研究与推广，这项具有开创性的重大研究成果为他带来很大荣誉，也奠定了他在我国服装裁剪技术发展历程中的重要地位。

戴永甫从做裁缝起，就开始钻研服装科技。20世纪50年代

初，他研制成"衣料计算盘"，同时，又编写出版了《怎样学习裁剪》一书，其后，他开始主攻"D式裁剪法"，1974年写成《D式裁剪》一书。

戴永甫（资料图片）

《服装裁剪新法——D式裁剪》

《怎样学习裁剪》

1982年《服装裁剪新法——D式裁剪》一书问世。"提供了国际上从未有过的服装结构的准确函数关系"，成为当代"唯一有理论根据的科学裁剪方法"。开创了服装裁剪技术领域袖系理论先河。该书8个月内即重印了4次，印数达30万册，1987年获全国优秀畅销书奖，1991年获得"全国最佳服装图书奖"，发行量已达百余万册。

（3）包昌法与多种服装科普著作

"服装文化探索迷"包昌法重视服装科研，50年如一日，硕果累累。从 1947 年当学徒开始迷上服装这一行，包昌法工作之余，如饥似渴地自学服装知识。1952 年，他编写出一本《缝纫机学习讲话》。从此至 20 世纪 80 年代，他撰写出版了《服装省料法》《巧用边角衣料》《时装缝纫要领》《服装知识漫谈》《穿着艺术》以及童装、新婚礼服等图书近 20 种。这些图书都是和时代紧密适应，并且非常贴近广大群众的日常生活需求，因之都成为当时罕见的畅销书。

包昌法（图源《追寻红帮的历史足迹》）

《服装知识漫谈》

当然，除了以上这些科普类著作，包昌法的服装研究还有向纵深发展的成果，包括《服装学概论》等著作。至 2005 年，包昌法已出版了近 40 部服装著作，发表了 200 余篇论文，加在一起，他的服装研究成果已超过 400 万字。

2. 重视服装教育

红帮人心怀服装事业发展的大局，认识到人才是事业成功的根本，而教育是孕育人才的保证，因此非常重视服装职业教育，重视服装人才的培养。

（1）开设裁剪训练班

从目前掌握的材料来看，至迟在 1936 年，红帮人已开设了裁剪训练班。培罗蒙创始人之一戴祖贻回忆，1936 年他曾在上海西服业同业公会开办的裁剪训练班（上海裁剪学院前身）学习，那时训练班设在南京路泰康饼干公司楼上，他是第二期学员。

（2）创办上海裁剪学院

上海裁剪学院是依靠社会力量办学的，院址设在四川路青年会少年堂，1940 年就读学生 30 人，实际毕业 20 人；1941 年就读和毕业学生 43 人；1942 年 2 月至 9 月，裁剪班学生 23 人，日语班学生 18 人；

上海裁剪学院奖状(宁波服装博物馆藏品)

1943 年至 1944 年从五六十人增至 80 余人。[1]

研究人员曾在上海搜集到一把刻有
"上海裁剪学院"标志的直尺，第 7 期优
秀毕业生陈荣华的毕业证书和奖励给他
的一枚银戒、奖状，以及部分毕业生的
照片。上海裁剪学院的举办保证了服装业
高水平人才的薪火相传。

上海裁剪学院奖品(宁波服装
博物馆藏品)

（3）创办西服工艺学校

红帮裁缝以服装事业的发展为己任，不安于现状，勇于探索，
1947 年创办的西服业工艺学校，为又一重大创举。据目前掌握的
资料看，这所学校不仅是上海第一所西服职业学校，也是全国创
办的第一所服装职业技校，在我国服装职业教育史上，起到了开
路的作用。

该校由王宏卿会同顾天云等 34 位红帮名店经理共同发起。
据统计，共有 250 多家店号捐款，筹募法币 45.74 亿元，金圆券
1550 多元。学校于 1947 年筹建，1948 年秋就招生开学。学生由
同业公会内会员企业保送，免费学习，学费由保送会员单位支
付。学校"以提倡职业教育、培养西服工艺为主旨"，"以达成在

---

[1] 陈万丰《红帮服装史上的重大发现——上海裁剪学院：中国第一所服装职业学
校》，《浙江纺织服装职业技术学院学报》2007 年第 1 期。

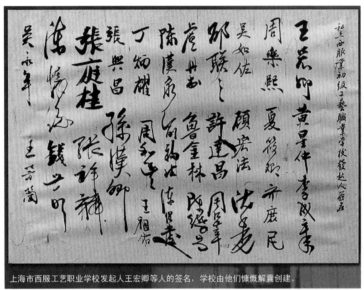

上海市西服工艺职业学校发起人王宏卿等人的签名，学校由他们慷慨解囊创建。

上海市私立西服业工艺职业学校发起人王宏卿等人的签名（宁波荣昌祥服饰供图）

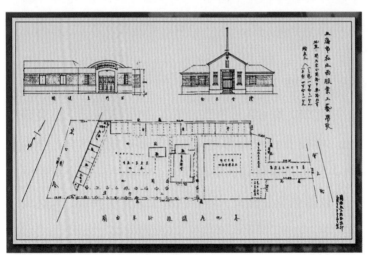

上海市私立西服业工艺学校建筑图（宁波荣昌祥服饰供图）

国内技师中为优秀人才，推其艺术，以向国外争市场，发扬吾国艺术之光……"

西服业工艺职业学校为中国服装业的变革和发展培养了人才，其后，全国大部分大中城市的现代服装企业的开创者、高级技术人才，都是该校的学生或再传弟子。

王宏卿签署的聘书。

1947年5月，上海西服商业同业公会理事长王宏卿签署的聘书（宁波荣昌祥服饰供图）

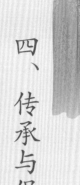

四、传承与保护

　　红帮裁缝技艺如何保护？本章主要介绍了红帮裁缝技艺代表性传承人谱系、代表性传承基地以及组织化的本真性保护工作，同时总结了加强红帮文化内涵研究、红帮精神宣传教育等发展性保护工作。

四、传承与保护

[壹] 代表性传承人谱系

红帮裁缝技艺的传承群体多为宁波奉化、鄞州地区的手艺人，他们不仅在当地施展技艺，从事传承、传播活动，更是流布到海内外各大中城市，推动了中国服装文化的发展。

目前，在奉化境内红帮裁缝传承群体有 2 万余人，其中 30% 为年轻人，主要分布在各大服装企业中，并且在这些企业中肩负着红帮裁缝技艺的保护、传承及创新工作。

随着非遗保护工作的推进，老艺人传承热情高涨，文化自信增强，新培养的年轻传承人越来越多。仅罗蒙集团就拥有手工定制类红帮裁缝千余人。

目前，奉化区已经形成了省、市、区三级代表性传承人群体。

红帮裁缝技艺奉化区传承基地传承人简表

传承基地	传承人
罗蒙集团股份有限公司	蒋楠钊（浙江省级）
	盛军飞（宁波市级）
	沈水飞（奉化区级）

续表

宁波荣昌祥服饰股份有限公司	王永华（宁波市级）
宁波奉化红帮经承文化创意有限公司	金达迎（浙江省级）
宁波爱皇红帮文化创意有限公司	郑爱皇（奉化区级）
马鑫服装有限公司	王小方（奉化区级）
弥勒城洋装店	俞武军（奉化区级）
宁波市银蝶服饰有限公司	邬品贤（奉化区级）
宁波赫莱服饰有限公司	胡建玉（奉化区级）

1. 省级代表性传承人：

（1）蒋楠钊

蒋楠钊，1947 年生，奉化江口街道人。于 1963 年投师学艺，师承红帮裁缝第四代传人王金定先生。由于刻苦努力，深得王金定先生真传，刀功、手功、车功、烫功及九种针法（如扎、锁、钉）运用熟练，满师后能独立制作整套西服，且所制西服突出了胁、胖、窝、凹、翘、剩、圆、弯、戤"九势"，达到了"平、服、顺、直、圆、登、挺、满、薄、松、匀、软、活、轻、窝、戤"16 字的规格标准。

1976 年起，蒋楠钊带徒授艺，如王亚昆、丁克运、俞武军、江玉芳、沈水飞等徒弟已成为服装行业的骨干力量。

1987 年，蒋楠钊受邀赴摩洛哥授艺。1988 年 7 月进入罗蒙集团股份有限公司，主持红帮裁缝授艺工作。1994 年，由蒋楠钊

红帮裁缝浙江省级代表性传承人蒋楠钊（奉化区非遗保护中心供图）

蒋楠钊在传承基地指导学徒（奉化区非遗保护中心供图）

及徒弟江玉芳主持设计制作的罗蒙牌西装在首届中国十大名牌西装、十大名牌衬衫市场确认活动中，以质量分第一的优异成绩荣获"中国十大名牌西装"称号；1999年，由蒋楠钊及徒弟江玉芳等主持设计制作的新警服获公安部"人民警察新警服"设计一等奖。1999年起，蒋楠钊被罗蒙集团红帮裁缝技艺传承基地聘为技艺传授人。

2009年9月，蒋楠钊被浙江省文化厅评为"第三批浙江省非物质文化遗产名录红帮裁缝技艺项目代表性传承人"。

2018年8月，蒋楠钊入选浙江省"百工百匠"，推动了红帮裁缝技艺的品牌知名度。

蒋楠钊从事红帮裁缝50余年，秉承红帮裁缝的传统手工技艺传统，深研服装设计和制作工艺，为红帮裁缝技艺的当代传承和发展做出了贡献。

（2）金达迎

金达迎，1980年生于裁缝世家，奉化萧王庙人。现任宁波奉化红帮经承文化创意有限公司董事长。

金达迎的祖父金德钦12岁开始学艺，是上海有名的高级技师。父亲金兴君子承父业，14岁入行，1981年创办慈林服装厂，其产品曾于1985年荣获"商业部部优产品"称号。金达迎从小耳濡目染，受到祖辈们精湛技艺的熏陶，立志成为一位裁缝大师。

1996 年，金达迎初中毕业，随父学艺。2003 年至 2009 年，在深圳、广州、上海等地高级定制门店从事服装制作设计，2006 年开始带徒授艺，先后收于海燕等人为徒。目前，团队成员有：王阳东、张优君、葛云琳、毛微波、夏剑军、江童明、金辉、于海燕。在金达迎的带领下，从事手工制作的传承人团队获得了诸多荣誉，以及社会各界的认可。

自 2009 年开设第一家红帮手工定制店起，20 多年来，金达迎专业从事纯手工制作服装与经营，在上海、北京、杭州、宁波等地开设多家分店。其中，宁波奉化红帮经承文化创意有限公司，成为"奉化区非物质文化遗产红帮裁缝技艺传承基地"。

2010 年起，金达迎先后在浙江大学、浙江纺织服装职业技术学院、杭州职业技术学院等多所高校开讲授课；2012 年与英国设计师 Steven 正式成立联合工作室；2013 年荣获"全球光荣浙商指定红帮裁缝"称号；2014 年入选浙江省服装协会制版师分会常务理事，并为众多制版师及服装设计师讲解红帮裁缝文化及技艺；2015 年获首届全球创客成果展创意金奖；2019 年被评为宁波市奉化区"凤麓工匠"；2021 年，被浙江省文化厅评为"浙江省非物质文化遗产名录红帮裁缝技艺项目代表性传承人"。

为了更好地传承红帮裁缝技艺，金达迎一直在不间断做各种公益讲座，并在各大院校、服装协会、媒体平台、商会做红帮文化方面的演讲，让社会各界更多、更全面地认识红帮裁缝文化，为红帮文化技艺的传承传播授业做出不懈努力。

在 20 多年的实践中，金达迎把红帮裁缝传统文化和现代商业经营相结合，为红帮文化的传播作出了贡献。

金达迎与旗袍作品"幽兰"（奉化区非遗保护中心供图）

2. 市级代表性传承人

（1）王永华

王永华，1941 年 5 月生，奉化王溆浦人。王溆浦即是红帮先驱王才运的故乡，王永华是王才运的同族。

1955 年至 1957 年，王永华凭着与王才运的接班人王宏卿的关系，到荣昌祥学习服装缝制工艺，由荣昌祥第三代传人王汝珍手把手教导，足足三年的师徒传授，让王永华打下了服装缝制的基础，初步掌握西式服装制作的技能。

1986 年，在改革开放的大环境中，王溆浦村开办了汇利（后更名为"汇丰"）、荣昌祥两家小型服装厂。经过村里讨论，考虑到王永华早年到上海学过裁缝，懂得服装这一行，于是，派他到

王永华（奉化区非遗保护中心供图）

村办服装厂担任技术员和供销员，但因缺乏技术支撑，缺少业务渠道，这两个小厂经营不善。

1992 年，随着周边服装产业的起步与发展，王永华接手村办的汇丰制衣厂。在汇丰，他一人身兼三职，既是技术科长、供销科长，又是厂长。几年拼搏后，厂子稍有气色，他当机立断，征求荣昌祥创始人后代同意，将荣昌祥重新申报国家商标局注册，把汇丰改为荣昌祥，立誓让老字号重放异彩。"荣昌祥"这个百年老字号，终于获得重生。

1996 年，他在厂里布置了一个陈列室，介绍老字号荣昌祥，宣传王才运等红帮先驱。2012 年，随着年龄的增长和信息化时代的到来，王永华把公司管理重任交给跟着一起创办服装厂的儿子王朝阳，父子通力合作，扩建厂房，引进新设备，招聘新员工，疏通产销渠道，积极转型升级，由内销加工走向内外销结合的道路，把视野从国内放眼到国际。

同时，公司成立高级定制团队，建立红帮裁缝技艺传承基地，厚植沃土，传帮带有志向、肯吃苦、求上进的青年人，让红帮精神，代代相传。

（2）盛军飞

盛军飞，1957年生，奉化江口人。1976年高中毕业后，盛军飞进入大队服装加工厂学习，打下了缝纫基础。1980年进入江口二轻服装厂，负责车间管理，进一步提高了缝纫技艺，同时熟悉了服装制作工艺流程。

1984年，盛军飞进入罗蒙公司后，开始学习裁剪，当时，公司聘请了上海红帮师傅如裘文明、董龙清等众多师傅进行指导，盛军飞取得了多方面的进步，并进入质量管理岗位。

盛军飞在整理技术资料（受访者提供）

1991 年，盛军飞被罗蒙公司送到中国纺织大学高级时装设计专业进修，丰富了理论知识，回来后担任罗蒙质量监督中心主任，继续负责技术质量把关。从面料检验、裁片检验、半成品检验等六道关口，把控服装质量。

盛军飞管理质量有自己的一套，就如她认为的，要"有路数"，有明确的定位，能够查出别人发现不了的问题，并且能够解剖问题的原因，指出这个问题是哪一道工序造成的，做到"有缝讲缝、有条讲条"，盛军飞强调，关键点"平、挺、圆、顺"，必须落实到每一道工序，比如车衣服时，不能只管上与下不管中间，再比如针脚要平直，要服帖，这个缝线不能一钩子就能钩起来。

盛军飞做技术指导，对学员严格要求，手把手教导，她的体会是，指导工作要像螺丝钉一样，做一次拧一次，学员的基本功才会扎实牢固。多年来，带出了一批又一批熟练工人，同时培养了一批技术骨干，他们陆续成为组长、主任，包括马国飞、竺海燕、周阿毛等等。这批公司元老，为罗蒙的发展立下了汗马功劳。

2000 年，盛军飞本人获宁波市政府颁发的"宁波市质量管理先进个人"荣誉称号。

3.区级代表性传承人

（1）郑爱皇

郑爱皇，1973 年生，奉化萧王庙人，初中毕业后随父学艺。

　　郑爱皇传承的谱系为家族传承，师承可以上溯到上海红帮裁缝的领军人物王才运。郑爱皇的舅公孙常林与我国著名的服装大师余元芳，都曾拜于王才运门下。其后，郑爱皇的父亲郑阿茂在13 岁那年开始跟随孙常林学艺，并在上海开设的著名西服店春秋服装社内做主要师傅，同时招收学徒，亲自传授红帮技艺。郑爱皇就是在这样的环境之下长大，在 16 岁那年正式拜父为师，成为新一代传人。

　　1995 年，出师后的郑爱皇独立创办奉化市春秋服装培训班，培训分低、中、高三个层次，传授平面设计、立体设计、量身裁衣等知识与实操技术，四年中为奉化及浙江省内外培养出一批服装技术人才。从 2000 年起，先后在奉化爱伊美服饰和宁波沃顺服饰担任技术部主管和技术科长，十年磨一剑，在繁忙的生产实践中，郑爱皇积累了大量的经验，技艺不断提高，后在杭州著名的高定企业恒龙服饰任技术部主任。

郑爱皇在缝制中（奉化区非遗保护中心提供）

　　2013 年 12 月，郑爱皇作

为杭州代表队成员，参加 2013 年浙江省企业岗位大练兵技能大比武中的服装制作工比赛，获得团体第一的优异成绩。

2015 年下半年，他回到家乡——红帮裁缝的发源地奉化，创办了"爱皇红帮服装设计室"和"爱皇红帮定制研修班"。

近年来，郑爱皇注重继承并弘扬红帮裁缝技艺，带徒授艺，多名徒弟都成为各个服装厂的技术骨干。如郑绍明任桑泰技术部经理，陈强任恒龙服饰制版师，余跃波任爱伊美技术部经理。

2015 年，郑爱皇被评为"奉化区非物质文化遗产代表性传承人"。

（2）王小方

王小方，1982 年 5 月生，奉化溪口人。王小方 1997 年中学毕业后，开始学习西服制作技艺，在至 2005 年的 8 年间，分别在个体裁缝店、温州华亨服装有限公司、宁波升纺服饰有限公司等完成从西服制作的基本技术学习到西服缝纫、设计与制版的逐步升级。

2005 年至 2008 年，王小方师从红帮高手吴经熊。吴经熊授艺于上海服装研究所，在上海学习的一年多时间里，王小方非常勤奋，善于钻研，经常白天跟着师父学习，晚上自己进行实践操作。王小方的勤奋和悟性也给吴经熊老师留下深刻印象。

经过这个阶段的学习，王小芳的手工西服量身定制系列工艺有了极大的提高与精进。2008
年至 2014 年，王小方在多个服
装厂做过设计总监，包括宁波
桑泰制衣有限公司、宁波圣西
罗服饰有限公司、宁波铭尚服
饰有限公司等。

随后，王小方创办了洋服
工作室、王兴昌西服定制店以
及奉化马鑫服装有限公司。其
中，王兴昌西服店传承由红帮

王小方（2020年9月摄于宁波文博会）

第二代传人王和兴、王财兴开创的百年老字号，以红帮技艺为支
撑，专门量身定制手工西服、大衣、衬衫和绣花旗袍，以工艺精
湛、制作精细，深受用户好评。

纯手工西服有 130 多道工序，需要手缝上万针，王小方把每
一道工序、每一针、每一线都认认真真、一丝不苟做到最好，就
像雕琢一件艺术品一样，来成就一套精致的西服。同时，王小方
打破传统思维，发扬红帮敢为人先的精神，在制衣过程中运用
CAD 制版技术，引进高科技视频选款方式。王小方认为，不断创
新，主动去适应年轻人对西服的多样性需求，是新时期传承红帮
精神的要义。

2017 年，王小方被评为"奉化区红帮裁缝技艺传承人"。

（3）沈水飞

沈水飞，1961 年 5 月生，奉化江口人。1978 年沈水飞高中毕业，1979 年开始学习服装裁剪，凭着其刻苦的钻研精神和天赋，不到一年就开始带徒弟。1984 年，凭着又快又好的技术被罗蒙公司录取。其后，沈水飞深受董龙清、陆成法、余元芳等大师的青睐，被传授了大量红帮高级技艺。因其优异表现，1991 年沈水飞被罗蒙公司送到中国纺织大学高级时装设计专业进修，1992 年，被罗蒙公司送到日本三泰株式会社实地学习。专业的学习和国外的游学让其技艺越来越专业，也得到了日本师傅的高度好评。从1992 年开始，沈水飞先后为罗蒙三泰、三洋、三轮服饰负责生产技术，解决了很多技术难题。并通过传帮带，为罗蒙培养了一批又一批的岗位人才。

1994 年 4 月，罗蒙集团股份有限公司生产的罗蒙牌西服以质量分第一、商业推荐第一、总分第二的佳绩获首届"中国十大名牌西服"称号，有她和团队的功劳。从"罗蒙先进工作者""三八红旗手"再到"宁波先进妇女工作者"，她用实际行动践行着匠心精神。

2019 年 4 月，中宣部"壮丽 70 年·奋斗新时代"大型主题采访活动走进罗蒙采访沈水飞，并在《光明日报》头版、《浙江日报》

沈水飞手把手指导（受访者提供）

头版头条刊登沈水飞的先进个人事迹，报道其传承红帮裁缝精神的匠人之心。2019 年 5 月，沈水飞又先后接受《工人日报》和中央广播电视总台 CCTV-1 的采访。

沈水飞 40 年来专注于红帮裁缝技艺的传承，带有徒弟 1700 多人，分布在上海、深圳、宁波等地。

（4）俞武军

俞武军，生于 1970 年，奉化人。1987 年，17 岁的俞武军拜入"红帮裁缝技艺省级代表性传承人"蒋楠钊门下。从此，皮尺、剪刀、熨斗，几乎成为俞武军生活的全部。他从缝布头、钉纽扣做起，到热水捞针、牛皮拔针，经过 5 年的刻苦训练，终于练就了收放自如的手感。

　　2010 年，俞武军在奉化长岭路上开了一家弥勒洋装行，走定制西服路线。凭着一身手艺，俞武军的名气渐渐打开，常有宁海、象山、三门等地的顾客找上门来定制西服。"也许又到了手工西服重焕光彩的时代了。"俞武军有这样的判断。每年他的工作室要出品百余套定制西服。"缝制西服的过程，似乎在创造一件有生命力的艺术品。"精细制作每一件西服，是俞武军对于传统技艺的态度。

俞武军（奉化区非遗保护中心供图）

现在他最大的心愿是能找到一个和他一样热爱这一行的徒弟，把红帮裁缝的技艺和故事传承下去。

2017 年，俞武军被评为"奉化区红帮裁缝技艺传承人"。

（5）邬品贤

邬品贤，1972 年生，奉化西坞人。如同老红帮人少年学艺的经历，邬品贤 15 岁远赴上海，在红帮名店培罗蒙拜师学艺，学习高端定制。培罗蒙是百年名店，有一套严格的工艺流程、操作规程及检验标准。经过三年刻苦学习，在师傅的教诲下，邬品贤打下了扎实的基础。1990 年由师傅推荐，赴深圳在师叔开设的高端定制店工作学习。师叔本来在香港从事高端定制，紧跟世界服饰潮流，深圳的门店更是引进了国外的先进技术。所以，在深圳的十年，邬品贤与国际前沿技术接轨，提高非常快。2000 年至 2003年，先后在宁波培罗成集团、宁波杉杉集团担任技术总监。

2004 年至 2007 年，邬品贤赴温州服装工厂任技术总监，这三年，他接触了当时国外高端的制版技术与先进的流水线工艺，进一步丰富了技艺，开阔了眼界。

2005 年，邬品贤获得服装高级技师证书。2008 年至 2009 年，他又赴北京王府井创业，与师弟合作，开设罗笔定制店，从事高端定制。曾给体育明星张怡宁、易建联、丁宁以及模特马艳丽等制作服装，得到多方称赞。

邬品贤在检验中（受访者提供）

2010 年至今，邬品贤担任宁波银蝶服饰有限公司技术总监。银蝶服饰成立于 1984 年，公司拥有 450 名员工，年生产超 50 万套西服，出口到世界各地。作为技术当家人，因为之前有管理流水线生产的经历，又有高端定制的技术，邬品贤对协调企业的产量与质量得心应手，既能上产量，也能稳质量。他对每一道工序都严格把关，从制版到整烫，邬品贤都一丝不苟，为企业培养了一批技术骨干，为红帮技艺的群体传承作出了贡献。

2021 年 9 月，邬品贤被评为"红帮裁缝技艺奉化区级代表性传承人"。

（6）胡建玉

胡建玉。1970 年生，奉化尚田人。1986 年初中毕业后，胡建玉自带脚踏缝纫机到奉化江口，拜红帮传人王彩凤为师。王彩凤是江口王溆浦人，为红帮名师之后，又是红帮传人孙常林的弟子。

学徒三年后，胡建玉又辗转到其他裁缝铺"过堂"，边实习边学艺，锻炼了实际操作能力，经过扎实的技艺训练与工作锻炼，逐步独当一面。1995 年满师，胡建玉凭着胆大心细与扎实的基本功，经过考试选拔，受聘于宁波伊宁服饰有限公司，积累了服装

胡建玉2004年10月底应邀在宁波服装学院作技术讲解（奉化区非遗保护中心提供）

经营管理实践经验，擅长服装结构工艺，既有丰富的理论知识，又富有实践创新精神。

胡建玉现任宁波赫莱服饰有限公司董事长兼总经理。公司目前有固定员工 100 人左右。在 2020 年宁波市服装企业评价排序中，宁波赫莱以突出的经营业绩，进入全市最优秀的企业评价序列。

多年来，胡建玉坚持车间一线实践操作，把多年积累的技艺与知识倾囊相授，抓住有利时机进行传承人的培养，并经常宣传红帮裁缝技艺传承和发展。

为了更好宣传传统服饰文化，胡建玉于 2021 年 3 月开设乡见古月民宿，在装潢中融入红帮服装元素，并设置了特色 T 台，把服装秀场开在大山里，让更多的人感受红帮服饰魅力。

2021 年 9 月，胡建玉被评为"红帮裁缝技艺奉化区级代表性传承人"。

[贰] 代表性传承基地

红帮裁缝技艺不仅满足了当地的服装需求，其产品更面向全球销售，仅罗蒙集团的门店就有近 1500 家。在注重手作、追求品质的当代社会，红帮裁缝技艺有着特定的优势和发展空间。在红帮裁缝技艺的引领下，奉化区服装产业被列入宁波"246"万千亿级产业集群重点培育计划，目前奉化区共有服装企业近 1000 家，就业人数近 10 万人，2016 年至 2018 年产值均在 70 亿以上，2017

年至 2019 年 5 月，出口额超 9 亿美元，2020 年完成产值百亿余元。红帮裁缝技艺不仅是地域文化的表征，而且对当地经济社会发展做出了实质性贡献。

据统计，目前，奉化区有产值 2000 万以上的规模服装企业上百家，是红帮裁缝技艺传承的大本营。以罗蒙集团股份有限公司等企业为代表的传承基地，将红帮技艺与红帮精神发扬光大。

1. 罗蒙集团股份有限公司

罗蒙集团股份有限公司始创于 1984 年。近 40 年来，罗蒙人忠实地传承了红帮裁缝艰苦创业、精工细作、追求一流、改革创新、勇攀高峰等优良传统。通过艰苦奋斗、改革创新，罗蒙集团

罗蒙集团大厦（余赠振摄于 2022 年 2 月 10 日）

得到了稳步快速发展，在资本积累、品牌建设、体制改造、文化传承等方面发生巨变。目前，集团下辖 10 家核心企业，5 家海外办事处，180 家全国销售分公司。主导产品罗蒙西服国内市场综合占有率名列全国名牌服饰第一，是中国服装界最具规模、最具时尚、最具有竞争力的领导型企业集团之一。

在创业过程中，罗蒙始终把传承红帮文化、培育罗蒙精神文化放在首要地位，使罗蒙精神深深植根于每一个罗蒙人的心中，凝聚了万余名高素质员工。

罗蒙集团红帮裁缝技艺展示厅（奉化区非遗保护中心提供）

2.宁波荣昌祥服饰股份有限公司

品牌起源于红帮名店荣昌祥呢绒西服店。荣昌祥品牌经历了百年历史，在五代传人手中得到了传承，见证了红帮裁缝的历史变迁。

1979 年，依托荣昌祥西服的制作工艺，成立奉化第一服装厂，1992 年，成立奉化市荣昌祥制衣有限公司，并重新注册了"荣昌祥"这一品牌商标。目前有员工 500 余名，其中专业技术人员 70 余名，年产 40 万套西服。公司始终贯彻执行"质量为先，以人为本，信誉为重，服务为诚"的企业精神，依靠科技进步和严格管

荣昌祥2021宁波服装节展位（2021摄于宁波服装节）

理，企业得到了飞速发展。同时，公司还建立了荣昌祥纪念馆，梳理老字号发展历史，传承脉络，挖掘老字号文化内涵，创新品牌文化，一针一线阐释百年红帮文化。

3. 爱伊美集团

爱伊美集团始创于 1979 年，前身是滕头服装厂。经过四十多年的岁月洗礼，如今已建设发展成为集纺织印染、服装制作、进出口贸易、实业投资、电力金具以及供热、物业于一体的多元化企业集团。年销售收入达 12 亿元，创汇 3000 万美元，利税 6500 万元。是"全球生态 500 佳""首批全国文明村"滕头村的经济支柱，也是全国最大的羊绒服装与羊绒面料生产出口基地之一。

爱伊美集团全景(爱伊美集团供图)

爱伊美始终秉承"诚信、务实、创新、奋进"的企业精神，稳中求进，不断发展。

作为红帮裁缝的传承基地和重要窗口，爱伊美以"传承红帮精神，铸就百年匠心品牌"为己任，以百年红帮技艺为底蕴，积极吸收国外先进技艺，中西结合，兼容并蓄，其产品形成鲜明的风格特征。

4. 雅楚－霓楷手工西服

宁波雅楚服饰有限公司创立于 2007 年，是一家集设计、研发、生产、销售于一体的综合性服饰企业。2012 年，雅楚于工厂内创办霓楷手工西服车间，邀请世界名师主持创作，建立起由几

老红帮走出去学习、新红帮请进来学习（雅楚服饰供图）

十位老师傅组成的纯正手工西服制作流水线。手工西服车间的几十位师傅，都来自本土，耳濡目染红帮文化的环境，在红帮技艺的基础上，又融入了意大利最顶尖的手工制作精髓。在新时代，霓楷手工西服坚持匠心打造，不断传承红帮文化，传播先进的西服制作技艺。

[叁] 本真性保护工作

在红帮裁缝技艺的保护工作中，为保护其历史原貌，同时保护它所遗传的历史文化信息，坚持组织化的本真性保护。

1. 保护单位

奉化区服装商会是奉化区范围内从事服饰生产和服装教育等企事业单位自愿结成的非营利的区行业性组织，一直以来非常重视红帮裁缝技艺的传承、保护工作。

现有省级代表性传承人 2 名，市级代表性传承人 2 名，区级代表性传承人 6 名。传承梯队比较合理，传承活动健康有序。

保护单位档案资料完整，拥有的代表性书籍包括《西服裁剪指南》（1933）、《永甫裁剪法》（1952）、《怎样学习裁剪》（1956）、《服装裁剪新法——D 式裁剪》（1984）、《红帮裁缝》（1992）、《桃花盛开的地方：奉化风情录》（1997）、《中国服装之乡：奉化》（1998）、《红帮裁缝研究》（2010）、《红帮裁缝评传》（2014）、《在醉美的地方遇见非遗：宁波市奉化区非物质文化遗产大观》

1998年3月27日奉化市服装商会成立（奉化区非遗保护中心提供）

（2017）等。

　　保护单位有 2 名专职从事项目保护工作的人员，保护单位及会员单位（传承基地）罗蒙集团、荣昌祥公司等拥有传承传播场所 2000 余平方米；主要传承基地（罗蒙集团、荣昌祥公司）在红帮裁缝技艺传承中每年投入资金不少于 600 万元，用于技术的提升和人才的培养等。

　　保护单位在红帮裁缝技艺传承传播活动中每年投入资金不少于 20 万元，用于相关活动经费和学术研究。

2. 保护工作

红帮裁缝技艺自 2007 年入选浙江省非遗名录后，当地文化主管部门、保护单位及传承群体积极开展了保护工作，增强了项目的生命力，扩大了项目的影响力和知名度。

①政策支持。2017 年 5 月 11 日出台《宁波市奉化区非物质文化遗产保护管理办法》（奉政发〔2017〕173 号）；2018 年，区文广新局与财政局联合出台《宁波市奉化区非遗专项资金管理使用办法》（奉文〔2018〕71 号）。

②传承传习。公布了罗蒙集团股份有限公司、荣昌祥服饰股份有限公司、省服装协会制版师分会、爱皇服装设计工作室、马

奉化职教中心老师在课上指导学生立体裁剪（奉化区非遗保护中心提供）

王溆浦文化礼堂为红帮技艺展示场所（摄于2022年1月）

红帮文化教学教材

鑫服装有限公司、弥勒城洋装店6个传承基地，在奉化职教中心设立红帮裁缝技艺传习基地。在王溆浦村设立红帮技艺展示场所；与浙江纺织服装职业技术学院共同开发新形态教材《红帮文化简明读本》；着手建立了红帮裁缝档案库。许多优秀传承人获得各种荣誉称号。

3. 保障措施

①政策保障。已经出台《关于加强民族民间文化抢救和保护工作的实施意见》（奉政办发〔2005〕85号）；《宁波市奉化区非物质文化遗产保护管理办法》（奉政发〔2017〕173号）；《宁波市奉化区非遗专项资金管理使用办法》（奉文〔2018〕71号），在保护工作落实方面有了依据。

②组织保障。在奉化区委区政府的领导下，在区文化和广电旅游体育局的业务指导下，依托奉化区服装商会，建成由政府、商会和代表性传承人、传承基地负责人、非遗保护中心工作人员构成的保护领导小组，明确责任，落实政策。

③学术保障。依托红帮文化研究中心（浙江纺织服装职业技术学院），组织开展红帮文化学术研讨活动，对传承保护工作提出方案、措施和要求。编制科学可行的保护方案，有步骤、有目标地开展保护工作。

④人力保障。为项目的保护设专职人员，并加强培训，增强业务能力。建设专家咨询机制，随时监控项目的传承和保护进程。

⑤资金保障。由区财政设立专项基金用于传承人补贴和培训，由商会、服装企业搭建筹资、融资平台，拓展资金来源，保证项目传承的资金需求。

[肆] 研究与宣教工作

在坚持对红帮裁缝技艺本真性进行保护的同时，加强对其文化内涵的研究、文化精神的宣传教育、特色文化品牌的铸造，促进其不断发展。

1. 研究工作

①加强红帮文化研究。与浙江纺织服装职业技术学院合作设立"红帮文化研究中心"，深化对红帮文化的理论研究。形成了一支老中青结合、专兼结合的研究队伍，产生了一批有影响的红帮文化特色研究成果，累计产出著作 30 余部，论文百余篇。其中论文《红帮裁缝对辛亥革命的历史贡献研究》获评 2011 年宁波市社会科学界第二届学术年会优秀论文；著作《宁波服饰文化》获得 2012 浙江省高校科研成果一等奖；著作《红帮裁缝评传》和《季学源红帮文化研究文存》相继于 2013 年、2014 年入选"中国之窗"书目；其中《文存》还成为剑桥大学图书馆

季学源、陈万丰主编《红帮服装史》

研究人员在调研

收藏的图书。特色教材《红帮文化简明读本》入选 2019 浙江省新形态教材。

②提炼红帮文化内涵。"敢为人先、精于技艺、诚信重诺、勤奋敬业"是红帮文化内涵，其中"敢为人先"是红帮文化的思想灵魂，"精于技艺"是红帮文化的制胜法宝，"诚信重诺"是红帮文化的立足之本，"勤奋敬业"是红帮文化的发展根基。其贴切地展现了红帮文化的历史底蕴和当今时代的客观需要，准确完整地把握了红帮文化的深刻内涵。

2. 宣传教育工作

（1）建设主题展馆

2019 年起，奉化区历时 3 年，在城市文化中心 7 号楼开辟 1000 平方米，精心打造非遗馆，对公众开放。该馆集中展示奉化全区的非遗项目，运用现代科技手段，重点介绍复原四个国家级非遗历史场景。其中，占地50多平方米的红帮裁缝技艺场景，将图片、实物、视频融为一体，动静结合，生动再现。

与此同时，江口街道和王溆浦村结合红帮故里的资源，筹资300多万元，整修了红帮元老王才运的故居，并聘请红帮研究专家陈万丰为总设计师，筹建王才运纪念馆、建设红帮文化广场。

（2）开展主题活动

依托奉化服装节、市民文化艺术节、奉化区非物质文化遗产周、非遗专题展等展演红帮裁缝技艺，通过这些活动和措施，红

2018年4月，"七彩非遗 大美奉化"文体嘉年华活动（奉化区非遗保护中心供图）

2018年12月，"温故"非遗展回顾展暨奉化首届非遗周活动（奉化区非遗保护中心提供）

2021年6月，奉化区文化和自然遗产日百年红帮主题活动（奉化区非遗保护中心供图）

红帮裁缝技艺文创产品盘扣扇获宁波市首届非物质文化遗产材料包大赛金奖（金达迎工作室供图）

帮裁缝技艺的社会关注度和知名度得到很大提升。

（3）推进主题教育

近几年，企业、学校等单位积极开展红帮文化教育，取得了较好的成果，其中以浙江纺织服装职业技术学院尤为突出。多年来，浙江纺织服装职业技术学院建设有效教育载体，铸造"红帮文化"品牌。工作从无到有，扎实推进，成果卓著。学院依托宁波浙江纺织服装产业集聚优势，明确培养现代红帮新人、服务社会支柱产业的办学目标和思路，旗帜鲜明地以红帮文化为校园文化主旋律，开创了一系列工作扎实、内容丰富的教育载体，主要抓好"六个一"工程。

创办"一所一店"，搭建传承教育平台。"一所"即红帮文化研究所，旨在挖掘红帮遗产，梳理演进历史，重组学术资源，加

浙江纺织服装职业技术学院红帮文化长廊

强"转化"研究，为铸造校园文化品牌提供智力支撑。"一店"即红帮洋服店。使传统红帮裁缝精湛的工艺技术得以传承。

创建"一馆一廊"，展示教育窗口。"一馆"即红帮文化展览馆。使红帮文化馆成为广大师生了解红帮渊源、接受人文教育的重要场所。"一廊"即红帮文化长廊。在校园内建设长达60米的红帮文化长廊，以红帮人物、事件、历史资料为主线，再现红帮文化内涵，演绎红帮的主要人物、重大事件。此既成为铸造校园文化品牌的一道亮丽风景，又给校园带来了浓厚的红帮文化气息，达到了春风化雨、润物无声的育人效果。

创设"一课一节"，畅通教育渠道。"一课"即红帮文化校本

荣誉证书

浙江纺织服装职业技术学院:

你单位申报的《红帮文化》获2011年高校校园
文化建设优秀成果评选

二 等 奖

教育部思想政治工作司
二O一二年十一月

《红帮文化》获2011年高校校园文化建设优秀成果二等奖

以"红帮"为教学大楼命名,图为楼宇命名石

课。精心编写红帮文化校本教材,开设红帮文化选修课,重点阐释红帮的精神品质和文化精髓。"一节"即校园红帮文化节。以活动为特色,通过活动内化红帮精神。

这"六个一"的教育与实践载体,内容丰富而又卓有成效,使得红帮教育成果突出,铸造校园红帮文化品牌特色鲜明,2011年获得高校校园文化建设优秀成果二等奖。

后记

　　为国家级非遗名录代表性项目"红帮裁缝技艺"著述，笔者很荣幸，当然也感到了压力。虽然，笔者在之前对红帮文化的研究有所涉略，也有过一些小小的成果，但关于红帮技艺，是全外行。所以，撰写的过程本身就是一次学习的过程，笔者不仅仅了解了红帮裁缝精湛高超的匠艺，更感触到了红帮裁缝精益求精的匠心。经过百年积淀的红帮裁缝技艺日臻完美，期待红帮新人发扬光大。

　　在查找资料的过程中，我们深深感受到老一辈研究人员陈万丰、季学源等老先生的辛勤，尤其体会到红帮研究早期开拓人员陈万丰老先生的不易。在20世纪80年代搜集资料期间，他奔走于各大城市的档案馆，经常是一瓶水一个面包，在里面一待就是一天。因为各种限制，档案资料只能抄写，这类手抄的纸本，摞起来很高，为红帮文化的研究打下了坚实的基础。

　　本书撰写过程中得到了宁波市奉化区文化和广电旅游体育局的全力支持与指导。李定军副局长提出了许多方向性的意见；奉化区非物质文化遗产保护中心提供了许多资料、图片，蔡娜娜副馆长不厌其烦地一次次联系对接；在技艺部分的写作中，传承人蒋楠钊、金达迎、王小方等给予了耐心细致的讲解示范，王永华、郑爱皇、俞武军、沈水飞等传承人向非遗中心提供了许多材料，盛军飞、邬品贤、胡建玉等传承人也都欣然接受了采访；代表性传承基地罗蒙集团股份有限公司、宁波荣昌祥服饰股份有限公司、爱伊美服饰集团、宁波雅楚服饰有限公司等企业以及王溆浦村文化礼堂、前江村村委会等，都热情接待并安排专人介绍情况。成稿后，中国美术学院郑巨欣教授提出了许多中肯的建议和意见。

在此一并表示真挚的谢意。

困于笔者学识的局限以及各方面的原因，成书肯定有疏漏之处，恳请读者与专业人士批评指正。

编著者

2023 年 1 月

图书在版编目（CIP）数据

红帮裁缝技艺 / 冯盈之，胡玉珍，余彩彩编著 . -- 杭州：浙江古籍出版社，2024.5

（浙江省非物质文化遗产代表作丛书 / 陈广胜总主编）

ISBN 978-7-5540-2711-0

Ⅰ.①红… Ⅱ.①冯… ②胡… Ⅲ.①服装裁缝—服饰文化—宁波 Ⅳ.① TS941.12

中国国家版本馆 CIP 数据核字 (2023) 第 176115 号

红帮裁缝技艺

冯盈之　胡玉珍　余彩彩　编著

出版发行	浙江古籍出版社
	（杭州市环城北路177号　电话：0571-85068292）
责任编辑	黄玉洁
责任校对	吴颖胤
责任印务	楼浩凯
设计制作	浙江新华图文制作有限公司
印　　刷	浙江新华印刷技术有限公司
开　　本	960mm×1270mm 1/32
印　　张	5.625
字　　数	104千字
版　　次	2024 年 5 月第 1 版
印　　次	2024 年 5 月第 1 次印刷
书　　号	ISBN 978-7-5540-2711-0
定　　价	68.00 元

如发现印装质量问题，影响阅读，请与本社市场营销部联系调换。